Israa Rahman
Mohammad Ali Alanbari

Uma abordagem LCA para avaliar os impactos ambientais da indústria petrolífera

Israa Rahman
Mohammad Ali Alanbari

Uma abordagem LCA para avaliar os impactos ambientais da indústria petrolífera

Estudo de caso Refinaria Al-Daura

ScienciaScripts

Imprint

Cover image: www.ingimage.com

This book is a translation from the original published under ISBN 978-3-330-35299-5.

Publisher:
Sciencia Scripts
is a trademark of
Dodo Books Indian Ocean Ltd. and OmniScriptum S.R.L publishing group

120 High Road, East Finchley, London, N2 9ED, United Kingdom
Str. Armeneasca 28/1, office 1, Chisinau MD-2012, Republic of Moldova, Europe
Printed at: see last page
ISBN: 978-620-7-69569-0

Dedicação

- Antes de mais, tenho de agradecer e louvar a Deus, que me deu saúde, paciência e a força necessária para levar a cabo o presente livro.
- Para o meu supervisor, Prof. Dr. Mohammad Ali Alanbari.
- À minha mãe, ao meu pai, ao meu primo e irmão (Adel), ao meu tio Che-Ernesto, à minha tia, às minhas irmãs e irmãos.
- Para os meus amigos que me apoiam.

Índice

Lista de abreviaturas e símbolos

No.	Abbreviation or Symbol	Definition
1	LCA	Life Cycle Assessment
2	API	American Petroleum Institute
3	BOD	Biochemical Oxygen Demand
4	CCR	Continuous Catalytic Reformer
5	Cl	Chlorine
6	CO_2	Carbon Dioxide
7	CO_2-eq	Carbon dioxide equivalent
8	COD	Chemical Oxygen Demand
9	DALY	Disability Adjusted Life Years
10	DMDS	Dimethly Disuphide
11	F.G	Fuel Gas
12	F.O	Fuel Oil
13	GHG	Green House Gases
14	GWP	Global Warming Potential
15	H_2S	Hydrogen Sulfide
16	HDT	Cost Benefit Analyses
17	HP	Heavy Product
18	ISO	International Standard Organization
19	KHT	Kerosene Hydro-Treating
20	LCI	Life Cycle inventory.
21	LCIA	Life Cycle Impact Assessment
22	LPG	Liquid petroleum gas
23	Mpt	mili point
24	N	Nitrogen
25	N_2O	Nitrous Oxide
26	NH_3	Ammonia
27	NO_2	Nitrite
28	NO_3	Nitrate
29	NO_x	Nitrogen Oxides
30	P	Phosphorus
31	P.F	Power Former
32	PDC	Propylene Dichloride
33	PDF	Potentially Disappeared Fraction
34	PM	Particulate Matter
35	PO_4	Phosphate
36	ppm	Part per million

36	Pt	Point
37	SHN	Sweet Heavy Naphtha
38	SO_4	Sulphate
39	SS	Suspended Solid
40	TDS	Total Dissolved Solid
41	TS	Total Solid
42	TSS	Total Suspended Solid
43	UK	United kingdom
44	EU	European Union
45	MJ	Mega Joule
46	WTT	Well To Tank

Capítulo 1

Introdução

1.1 Geral

Atualmente, existe um conflito entre os limites da natureza e as aspirações dos seres humanos neste mundo. O sistema natural da Terra é gradualmente alterado pela poluição antropogénica, cujos resultados e impactos podem ter efeitos graves. A descarga de CO_2 e de outros tipos de contaminantes pode gerar problemas difíceis para a sociedade, sendo o problema mais notório as alterações climáticas, **{Reyon, 2012}**. O petróleo tem inúmeras vantagens e a vitalidade é fundamental para todas as actividades relacionadas connosco, no entanto cada fase do seu ciclo de vida tem perigos para os sistemas ambientais, os seres humanos e a vida selvagem, **{Paul e Jesse, 2002}.**

O petróleo desempenha um papel vasto e vital na nossa sociedade tal como ela é ordenada nos dias de hoje. O petróleo é considerado mais do que uma das principais fontes de vitalidade utilizadas pela humanidade, para além da importância do petróleo como fonte de energia, os seus produtos servem de matéria-prima para vários bens, por estas razões o petróleo tem um papel crescente e significativo na existência da humanidade, **{http://www.eolss.net/Eolss- sampleAllChapter.aspx}**. A utilização de combustíveis fósseis é considerada uma das principais causas das alterações climáticas. A parte mais bem compreendida da série de procedimentos dos combustíveis de gasolina é o processo de combustão direta, mas as emissões que acompanham outros processos da série são menos compreendidas. A combustão de combustíveis fósseis não é o quadro completo, ver fig. 1.1. Todos os processos que constituem a cadeia do processo da gasolina, como a extração, a refinação, a distribuição e os outros processos que contribuem para as emissões indirectas da utilização de combustíveis, são apresentados no quadro (1.1). Fechar os olhos ao resto da imagem é como comer uma maçã mas não reconhecer que veio de uma árvore. Para compreender esta fotografia é necessário investigar e compreender as emissões ao longo da cadeia de processos, o que requer uma ACV, como mostra a Fig. 1.2, **{Reyn, 2012}.**

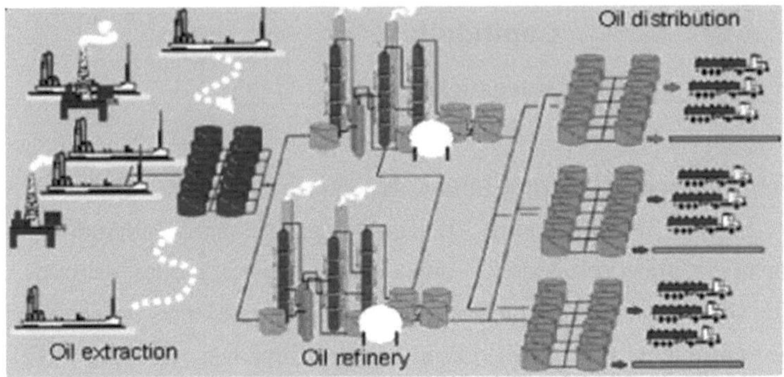

Figura 1.1 Fases da indústria petrolífera, **{khan e Islam, 2007}**

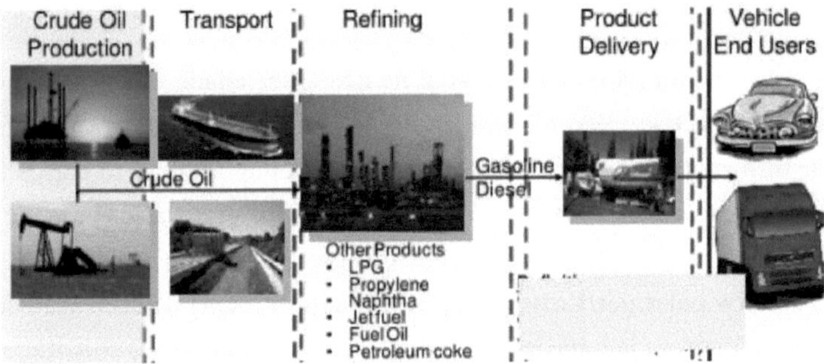

Figura 1.2 Ciclo de vida completo da indústria petrolífera, **{Bill et al., 2012}**

Tabela 1.1 Efeitos resultantes da produção de petróleo em diferentes fases, **{Paul e Jesse, 2002}.**

STAGE	EFFECT	SUBCATEGORY
Exploration	Deforestation	Emerging infectious diseases
Drilling and Extraction	Chronic Environmental Degradation	• Discharges of hydrocarbons • water and mud; increased concentrations of naturally
	Physical Fouling	• Reduction of fisheries • Reduced air quality resulting from flaring and evaporation • Soils contamination • Morbidity and mortality of seabirds, • marine mammals and sea turtles
	Habitat Disruption	• Noise effects on animals • Pipeline channeling through estuaries • Artificial islands
	Occupational Hazards	• Injury, dermatitis, lung disease, mental health impacts, cancer
	Livestock Destruction	
Transport	Spills	•Destruction of farmland, terrestrial and coastal marine communities • Contamination of groundwater • Death of vegetation • Disruption of food chain
Refining	Environmental Damage	• Hydrocarbons • Thermal pollution •Noise pollution, ecosystem disruption
	Hazardous Material	•Chronic lung disease
	Exposure	• Mental Disturbance • Neoplasms
	Accidents	•Direct damages from fires, explosions, chemical leaks and spills
Combustion	Air Pollution	• Particulates • Ground level ozone
	Acid Rain	• NOx, Sox • Acidification of soil •Eutrophication; aquatic and coastal marine

	Climate Change	•Global warming and extreme weather events, with associated impacts on agriculture, infrastructure, and human health

Por outro lado, a indústria petrolífera é considerada como um dos principais potenciais riscos para o ecossistema, sendo o seu impacto distribuído a diferentes níveis: água, solo e ar, e, consequentemente, todos os seres vivos da nossa Terra. Neste contexto, o significado mais comum e perigoso das actividades da indústria petrolífera é a poluição. A poluição é acompanhada de praticamente todas as acções ao longo de todas as fases da produção de petróleo, desde as acções de exploração até à refinação. Durante a cadeia de produção de combustíveis petrolíferos (perfuração, produção, refinação (responsável pela maior parte da poluição) e transporte) são geradas grandes quantidades de aerossóis, emissões de gases, resíduos sólidos e águas residuais, **{http://www.eolss.net/Eolss _sampleAHChapter.aspx}.**

Utilizamos produtos petrolíferos para abastecer os nossos aviões e automóveis, para aquecer as nossas casas e para fabricar produtos como medicamentos e plásticos. Apesar de os produtos petrolíferos tornarem a vida menos difícil, a sua descoberta, extração, transporte e utilização podem prejudicar a natureza através da contaminação da água e do ar. A refinação e a queima causam a contaminação do ar e a chuva ácida. A chuva ácida tem impactos nos sistemas costeiros terrestres, aquáticos e marinhos, enquanto os produtos químicos venenosos podem ser tóxicos para as pessoas, diferentes criaturas e plantas. A agregação das emissões de gases e partículas provenientes da queima de petróleo resulta na alteração do sistema climático mundial, com implicações para a saúde humana, a produtividade agrícola, os ecossistemas vulneráveis e as infra-estruturas sociais, **{Paul e Jesse, 2002}.** Neste estudo, centrar-nos-emos na fase de refinação e analisaremos os seus impactos e danos ambientais.

1.2 Refinação de petróleo

Uma vez extraídas, as misturas complexas de hidrocarbonetos da gasolina não refinada são isoladas depois de serem transportadas para uma refinaria de petróleo, onde são alteradas e tratadas para se tornarem fontes de combustível utilizáveis. A partição, da qual a porção por refinação é o sistema mais regularmente utilizado, inclui a separação das misturas não refinadas por borbulhamento ou vaporização do petróleo bruto em barbicans de fracionamento. A temperatura dentro destas torres é controlada para permitir que diversas substâncias dentro dos vapores de petróleo não refinado se consolidem e se juntem a várias temperaturas, **{Paul e Jesse, 2002}**, os impactos da refinação da gasolina são mostrados abaixo:

1- A gasolina causa poluição química, térmica e sonora, relacionada com os materiais e produtos químicos utilizados no processo de refinação.

2- A saúde e a segurança dos trabalhadores das refinarias são afectadas pela refinação da gasolina através de acidentes e doenças crónicas relacionadas com o contacto com a gasolina e os seus subprodutos.

3- As refinarias de petróleo representam um dos principais riscos para a saúde das sociedades humanas que se encontram dentro dos limites das refinarias, bem como para os ecossistemas marinhos e terrestres onde estão localizadas.

4- As nações em desenvolvimento e as comunidades pobres sofrem com a falta de regulamentação sobre normas de emissão, segurança no trabalho e proteção ambiental **{Paul e Jesse, 2002}**.

1.3 Avaliação do ciclo de vida (LCA)

Embora não se possa negar que os impactos da tecnologia no ambiente são multifacetados e muito complexos, a utilização de ferramentas de gestão ambiental adequadas pode contribuir substancialmente para a compreensão das interacções tecnológicas com o ambiente e para a obtenção dos resultados de sustentabilidade desejados no desenvolvimento de tecnologias e nas empresas de ampliação de processos. A ACV consiste na agregação e avaliação das entradas, saídas e potenciais impactes ambientais de um sistema de produto durante o seu ciclo de vida, como mostra a Fig. 1.4. Os passos seguintes representam a metodologia da ACV:

I. Definição do objetivo e do âmbito: O objetivo e o âmbito de uma ACV devem ser explicados de forma clara e ser fiáveis em relação à aplicação proposta. Uma vez que a avaliação do ciclo de vida é um processo iterativo na sua natureza, esta fase pode ser revisitada e reorganizada ao longo do estudo. A metodologia da ACV é apresentada de seguida:

II. Inventário do ciclo de vida (ICV): Um período de ACV que inclui a contabilização das entradas e saídas ao longo do ciclo de vida de um determinado artigo ou procedimento.

III. Avaliação do Impacto do Ciclo de Vida (LCIA): Um período de ACV foi para compreender e avaliar a grandeza e a importância dos potenciais impactos ambientais de um item ou estrutura, **{Nahb Research Center, 2001}** IV. Interpretação do ciclo de vida

A interpretação é a última etapa da ACV. O seu objetivo central é rever e contemplar os resultados, garantir que estão concluídos, são coerentes e úteis para o objetivo e o âmbito. Nesta fase, as últimas conclusões são detalhadas, os constrangimentos são clarificados e são dadas regras sobre a melhor forma de diminuir o efeito ecológico.

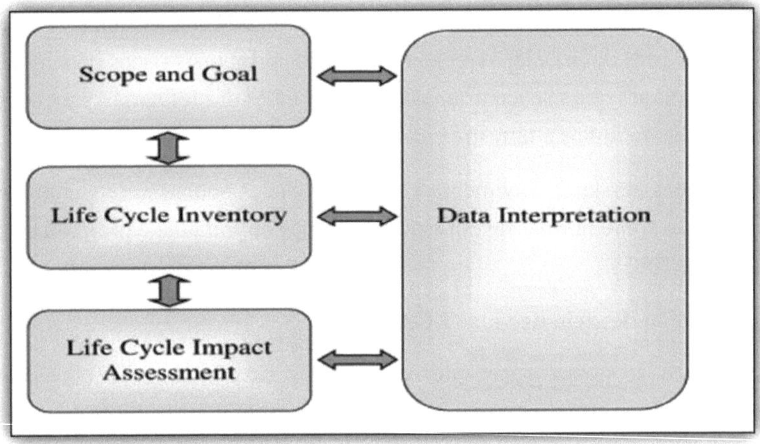

Figura 1.3: Fases de uma análise do ciclo de vida, **{Aida, 2009}**

Devido à utilização de programação acessível, dedicada à investigação da ACV, o processo de arranjo é computorizado. Os resultados do LCI são atribuídos às categorias de efeito adequadas com base em disposições de substâncias incorporadas numa base de dados de produtos e pertencentes aos métodos de cálculo utilizados.

O LCIA inclui dois conjuntos de componentes :

1- Componentes obrigatórios, incluindo:

a. Escolha da classificação da avaliação do efeito natural, dos indicadores de classificação e dos modelos de caraterização.

b. Atribuição dos resultados do ICM às classificações individuais de efeito (ordem).

c. Cálculo da estimativa do marcador de classe (retrato).

2- Componentes opcionais, que incluem:

a. Normalização.

b. Agrupamento.

c. Ponderação.

Na análise do ciclo de vida de itens criados na abordagem LCA, é concebível selecionar diferentes categorias de avaliação do impacto ecológico, dependendo dos objectivos e suspeitas da investigação e do tipo de item analisado. Por diferenciação, as classes de impacto na refinação preocupam-se, em qualquer caso, com as descargas de GEE e a contaminação do ar, **{Izabela et al., 2015}.**

Existem numerosos produtos de software no sector empresarial mundial. A principal tarefa do potencial cliente é selecionar o melhor instrumento possível para o seu problema específico. A decisão deve ser tomada tendo em conta uma combinação das capacidades financeiras do cliente e dos pedidos funcionais, caso a caso. A seleção recai sobre o SimaPro 7.1.8 da PRe Consultants, Países Baixos; o SimaPro, criado pela organização holandesa Pre Consultants, é um instrumento de ACV sólido e metodicamente experimentado, que tem em conta informações lógicas e fiáveis.

O SimaPro oferece uma análise completa do efeito potencial do objeto. Pode decidir os indicadores-chave de desempenho ecológico (KePI) utilizados para decidir e avaliar a execução dos objectos aprovados, **{Izabela et al., 2015}.**

1.4 O objetivo do presente estudo

O objetivo deste estudo é analisar os impactos ambientais resultantes da indústria petrolífera e, no âmbito deste objetivo, há vários objectivos:

1- Analisar os impactes e danos ambientais da refinação de petróleo e analisar os impactes e danos por m^3 de cada tipo de combustível.

2- Comparar os impactos e danos de produtos com a mesma unidade de volume (m^3) (normalmente utilizado em marketing ou regulamentação).

3- Mostrar os impactos do campo sobre os empregos.

1.5 O âmbito do estudo

O estudo analisa o sector petrolífero (fase de refinação) e o caso de estudo é a refinaria AL-Daura.

1.6 A limitação do estudo

Os derrames para o solo não são estudados porque as características do solo da refinaria não são examinadas e não existe informação disponível sobre o mesmo. Este derrame provém do derrame de produtos petrolíferos para o solo a partir dos tanques de armazenamento, das juntas entre as tubagens, do processo de transporte e dos acidentes.

Capítulo 2

Revisão da literatura

Existem poucos estudos em que a ACV ou métodos relacionados tenham sido aplicados para avaliar diferentes aspectos da sustentabilidade da indústria petrolífera. As diferentes abordagens são resumidas e comparadas de acordo com o seu âmbito e os limites do sistema.

{Reyn, 2012}, analisou o sector da refinação do Reino Unido e indicou onde se verificaram as emissões ao longo da cadeia de processos e que tipo de combustível foi responsável pela maior poluição por unidade. Esta análise foi efectuada no âmbito da análise do ciclo de vida. Os resultados revelaram que a gasolina foi responsável pela maior poluição (10,9 g $_{CO2\text{-}eq}$/MJ de produção líquida de combustível), como se pode ver no quadro 2.1, e também mostraram que o sector de refinação do Reino Unido era tipicamente mais eficiente do ponto de vista ambiental do que a refinaria média da UE, de acordo com os dados do Eco-invent.

Quadro 2.1 Resumo do cálculo da avaliação de impacto para o estudo principal por MJ de produção líquida de combustível, **{Reyn, 2012}**

IMPACT CATEGORY	Petrol	Diesel	Kerosene	Naphtha	Fuel Oil	Gas Oil	Propane & Butane	Jet Fuel	UNIT
ALOP	2,782E-05	1,270E-05	1,150E-05	2,045E-05	1,498E-05	1,275E-05	1,834E-05	1,149E-05	*m2a*
GWP100	1,093E-02	9,157E-03	9,540E-03	9,842E-03	8,189E-03	9,207E-03	9,661E-03	9,537E-03	*kg CO2-Eq*
FDP	2,370E-03	1,530E-03	1,475E-03	1,593E-03	1,614E-03	1,537E-03	1,542E-03	1,475E-03	*kg oil-Eq*
FETPinf	1,429E-05	8,286E-06	7,908E-06	1,202E-05	8,912E-06	8,312E-06	9,935E-06	7,906E-06	*kg 1,4-DCB-Eq*
FEP	5,739E-07	3,279E-07	3,069E-07	4,848E-07	3,650E-07	3,289E-07	4,206E-07	3,068E-07	*kg P-Eq*
HTPinf	7,390E-04	4,594E-04	4,494E-04	5,586E-04	4,719E-04	4,609E-04	5,424E-04	4,492E-04	*kg 1,4-DCB-Eq*
IRP_HE	4,846E-04	2,761E-04	2,491E-04	4,468E-04	3,289E-04	2,772E-04	3,982E-04	2,490E-04	*kg U235-Eq*
METPinf	1,287E-04	1,225E-04	1,222E-04	7,191E-05	1,231E-04	1,226E-04	1,243E-04	1,222E-04	*kg 1,4-DCB-Eq*
MEP	3,719E-06	2,966E-06	3,178E-06	3,413E-06	3,016E-06	2,978E-06	3,322E-06	3,177E-06	*kg N-Eq*
MDP	1,377E-04	8,679E-05	8,614E-05	9,820E-05	8,608E-05	8,676E-05	9,412E-05	8,613E-05	*kg Fe-Eq*
NLTP	3,037E-05	3,023E-05	3,018E-05	3,020E-05	3,032E-05	3,024E-05	3,020E-05	3,018E-05	*m2*
ODPinf	1,192E-09	1,093E-09	1,119E-09	1,111E-09	1,021E-09	1,099E-09	1,092E-09	1,119E-09	*kg CFC-11-Eq*
PMFP	1,582E-05	1,168E-05	1,212E-05	1,455E-05	1,055E-05	1,174E-05	1,264E-05	1,212E-05	*kg PM10-Eq*
POFP	4,313E-05	3,682E-05	3,807E-05	3,928E-05	3,365E-05	3,698E-05	3,812E-05	3,806E-05	*kg NMVOC*
TAP100	5,727E-05	4,012E-05	4,181E-05	5,321E-05	3,590E-05	4,035E-05	4,405E-05	4,179E-05	*kg SO2-Eq*
TETPinf	6,965E-07	6,415E-07	6,352E-07	4,347E-07	6,491E-07	6,434E-07	6,495E-07	6,350E-07	*kg 1,4-DCB-Eq*
ULOP	4,671E-05	4,049E-05	4,002E-05	4,096E-05	4,043E-05	4,054E-05	4,277E-05	4,001E-05	*m2a*
WDP	7,853E-06	4,623E-06	4,258E-06	7,105E-06	5,330E-06	4,642E-06	6,180E-06	4,256E-06	*m3*

(Jeongwoo et al., 2015), 60 grandes refinarias situadas na UE e nos EUA foram divididas em várias categorias em função da densidade do petróleo bruto e do rendimento dos produtos pesados (HP). Os resultados deste estudo mostraram que as refinarias que lidavam com petróleo bruto mais denso e o tratavam muito mais, resultando em rendimentos mais baixos de produtos pesados, têm eficiências de vitalidade mais baixas e emissões de GEE mais elevadas, em comparação com as refinarias que lidavam com crudes mais densos e produziam rendimentos mais elevados de produtos pesados, como mostra a Fig. 2.1.

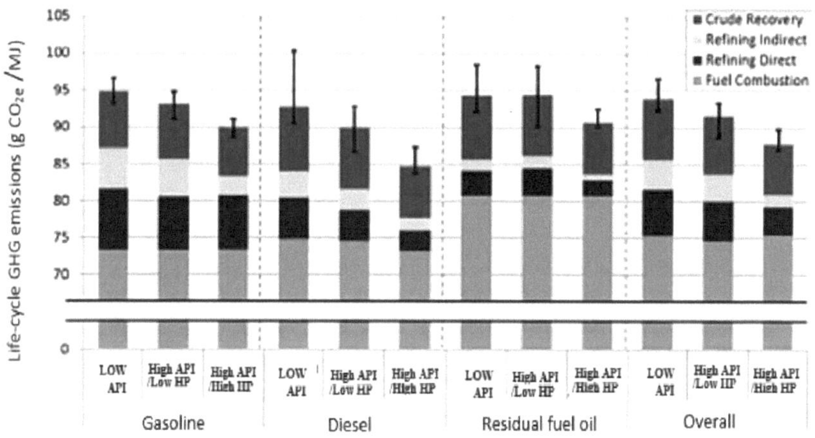

Figura 2.1 Ciclo de vida das emissões de GEE de produtos petrolíferos para refinarias seleccionadas, **{Jeongwoo et al., 2015}**

{Gholamerza, 2008 }, efectuou um trabalho de enquadramento genérico e bem sucedido para medir o nível de uma indústria de tratamento de gás no Irão, seguindo a norma ISO 14040-44 que baseia a metodologia LCA.

Este estudo concluiu que:

1. As emissões atmosféricas foram (CO_2 = 84 % , CO1 = 1,4 % , NO_x= 7,3 % , outros =7,3%), (fig.2.2).

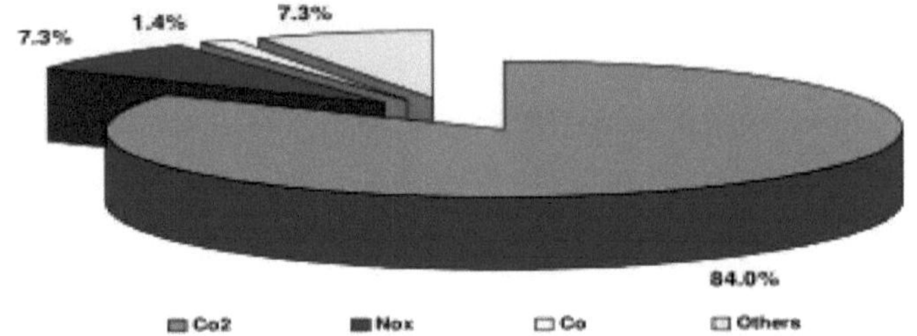

Figura 2.2 Repartição das emissões atmosféricas no tratamento de ar do gás Sarkhoon, **{Gholamerza, 2008}**

2. o CO_2 foi o principal contribuinte para o PAG, representando 89,3% (fig. 2.3).

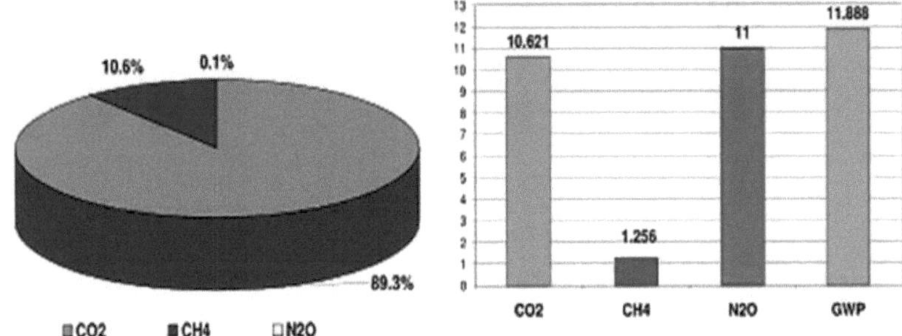

Figura 2.3 Emissões de gases com efeito de estufa e potencial de aquecimento global, **{Gholamerza, 2008}**

3. Consumo de recursos (94,5 % de gás nacional, 4,6 % de ferro, 0,4 de calcário, 0,4 % de petróleo), (fig. 2.4).

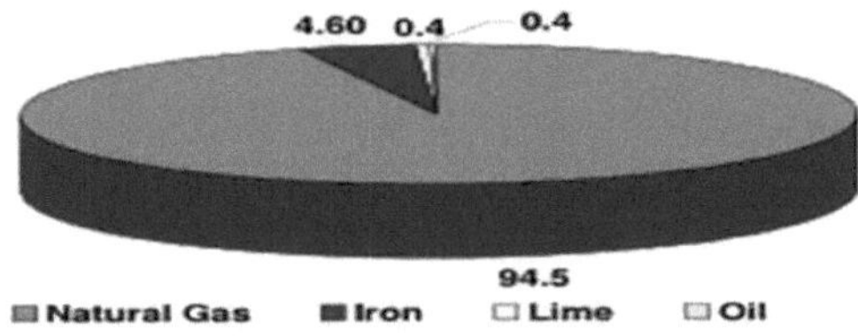

Figura 2.4 Consumo de recursos, **{Gholamerza, 2008}**

4. Emissões de água: (0,19 g/kg de gás produzido) (60 % de óleos, 29 % de matéria dissolvida).

5. Resíduos sólidos: resíduos diversos não perigosos (201,6 g/kg de gás produzido).

{**Aldemar et al., 2011**}, efectuou uma análise comparativa entre dois tipos de gasóleo com alto teor de enxofre e um gasóleo com baixo teor de enxofre (3000 ppm), (500 ppm) respetivamente, utilizando o conceito de ACV.

Esta ACV comparativa reflectiu as diferentes fases da produção de gasóleo, começando pela produção de petróleo bruto, transporte e refinação do petróleo em vários produtos, bem como o transporte de produtos refinados e a sua respectiva utilização final. O software selecionado para este estudo foi o SimaPro 7.2 para efeitos de simulação e avaliação dos impactos ambientais produzidos durante a produção e utilização dos dois combustíveis, ver tabela 2.2. Os resultados finais mostraram que a produção e utilização do gasóleo com baixo teor de enxofre (500 ppm) tem uma pontuação única (indicador ambiental) equivalente a (0,23 mpt) em comparação com a pontuação única do gasóleo com alto teor de enxofre (1,23 mpt), como mostra a fig. 2.5.

Tabela 2.2 Contribuição percentual das etapas para a categoria "Aquecimento global", {**Aldemar et al., 2011**}

Stage of the production chain and the fuel end use	Diesel DS 500		Diesel DS 3000	
	gm CO_2-eq/Mj Diesel	%	gm CO_2-eq/Mj Diesel	%
Oil production	1.91	1.78	1.83	1.76
Oil transportation	0.76	0.71	0.79	0.76
Oil refining	10.43	9.71	7.02	6.76
Refined transport	0.068	0.06	0.068	0.07
Fuel end use	94.2	87.74	94.2	90.66
Total	107.4	100	103.9	100

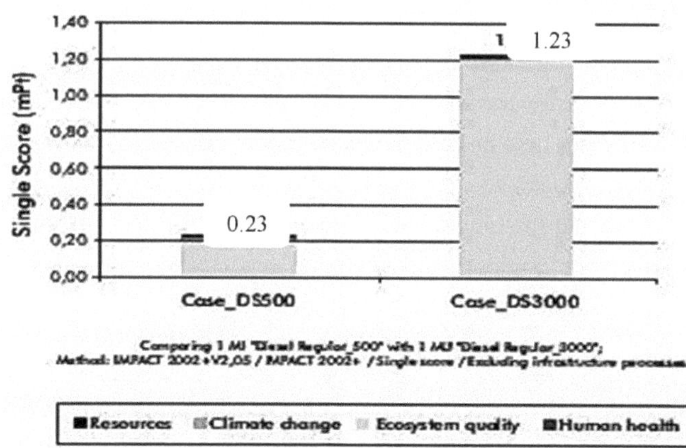

Figura 2.5 Pontuação única do impacte ambiental final para cada um dos projectos estudados
cenários, **{Aldemar et al., 2011}**

{Rainer et al., 2007}, analisou os impactes ambientais dos biocombustíveis utilizados na Suíça ao longo de toda a sua cadeia de produção. Este estudo mostrou que se obtém uma redução das emissões de GEE superior a 30% em muitos tipos de biocombustíveis, mas a maior parte das vias de produção apresentam impactes ambientais superiores aos da gasolina.

{Life cycle associates report LCA - 6004 - 3P, 2009}, associado ao conjunto de actividades de produção de combustíveis petrolíferos e avaliou o seu impacto do ciclo de vida nas emissões de GEE, que incluiu as emissões directas do petróleo e alguns efeitos indirectos. O impacto do petróleo nas emissões de GEE foi estimado entre (90 e 120 g $_{CO2}$/MJ de gasolina consumida), dependendo da fonte de petróleo e da medida em que os impactos das emissões indirectas foram incluídos.

{Ahlvik & Arikson , 2011}, estudaram dados de cinco refinarias, situadas na Finlândia, Suécia e Dinamarca, que produzem gasóleo de acordo com a norma europeia (EN 590) e a norma ambiental sueca (MKI) para o mercado sueco.

O estudo analisou a extração em série do petróleo bruto do poço ao tanque (WTT), o transporte, a refinação e a distribuição aos postos de abastecimento de combustível, mas excluiu a transformação na fonte.

Os resultados mostram uma pequena diferença entre o gasóleo MKI e o gasóleo EN 590. O estudo continha um cenário que mostrava uma substituição da direção da produção para o mercado sueco por uma direção para o mercado mundial. Este cenário mostrava poucas diferenças em relação aos resultados primários, havendo apenas uma diferença: o gasóleo MKI devia ser misturado com o gasóleo EN 590, uma vez que o MK1 é uma norma sueca e, por conseguinte, não pode ser vendido no mercado mundial. Isto reduz, em certa medida, as emissões do gasóleo EN 590.

Capítulo 3

Conceitos teóricos

3.1 indústria do petróleo (refinação)

3.1.1 Petróleo

Petróleo Uma combinação de várias partes com muitas centenas de partículas de hidrocarbonetos orgânicos diferentes (C (83-87%), H (11-15%), S (1-6%)) **{Ronald e colwell, 2009}.**

1. Cadeia saturada da parafina.
2. Anéis saturados de naftenos.
3. Anéis aromáticos-insaturados.

3.1.2 Refinação

A refinaria de petróleo ou refinaria de gasolina é um processo industrial em que a gasolina não refinada é tratada e refinada em outros produtos valiosos, como a nafta, a gasolina, o gasóleo, o asfalto, o óleo para aquecimento, o combustível para lâmpadas e o gás de petróleo liquefeito **{ Gary e Handwerk, 1984}.**As refinarias de petróleo são normalmente estruturas modernas de grandes dimensões e extensas, com amplas condutas que transportam fluxos de fluidos entre grandes unidades de processamento químico. São necessários alguns procedimentos no manuseamento de produtos não refinados para os tornar utilizáveis e atractivos, como mostra a Fig. 3.1, **{Leffler,1985}.**

Os procedimentos fundamentais de refinação podem ser retratados de acordo com o pedido em que ocorrem. O tipo mais reconhecido de refinação de petróleo é conhecido como refinação fragmentária (destilação atmosférica), que inclui bombear o petróleo bruto para a base de uma secção aquecida e depois isolar os produtos através de vários níveis de temperatura (Instituto de Energia), **{ Reyn , 2012},** como mostra a Fig. 3.2.

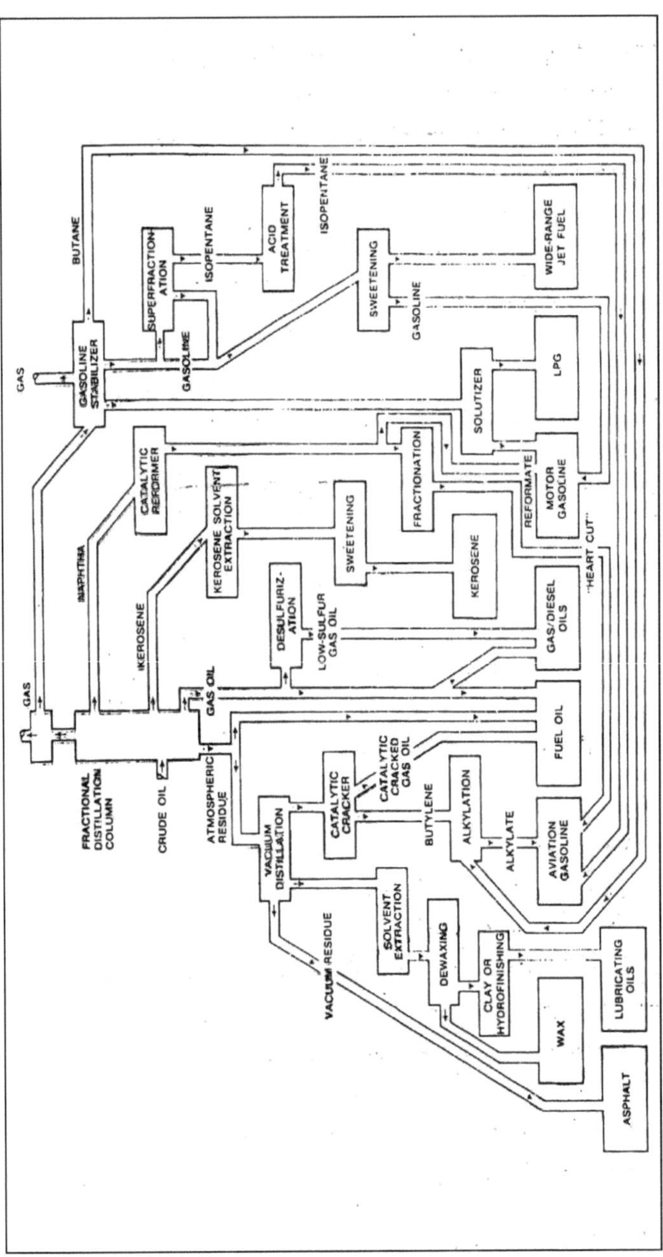

Figura 3.1 Esquema de fluxo do processo básico envolvido na refinação da gasolina, **{ministério do ambiente}**

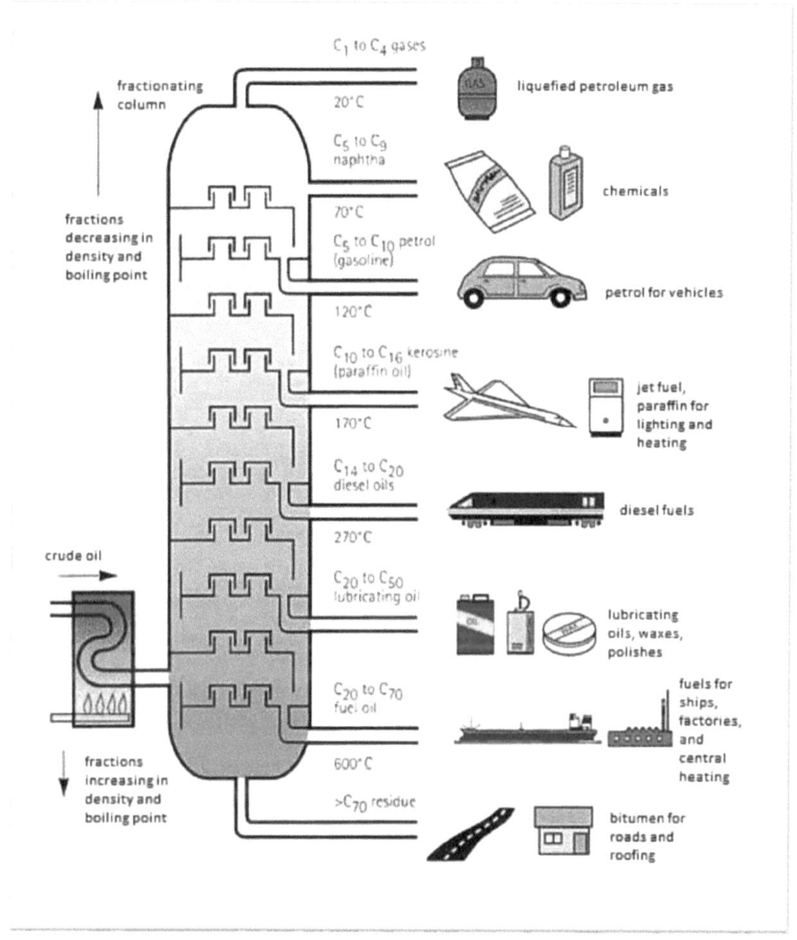

Figura 3.2 Coluna de destilação de petróleo (Instituto de Energia), **{Reyn, 2012}**

Todos os produtos seguem o primeiro procedimento de refinação para se isolarem do petróleo bruto enquanto estão em trânsito para tratamento posterior, ver fig.3.4. O resíduo da torre de refinação atmosférica, muito mais pesado do que o petróleo bruto, é então enviado para uma segunda unidade de refinação, enquanto os outros combustíveis são enviados para procedimentos diferentes. Os elementos mais leves, o GPL, na sua maior parte butano, propano e nafta, não necessitam praticamente de qualquer outro tratamento com um objetivo final específico de venda. Em todo o caso, os outros itens necessitam de mais processamento para se tornarem comercializáveis.

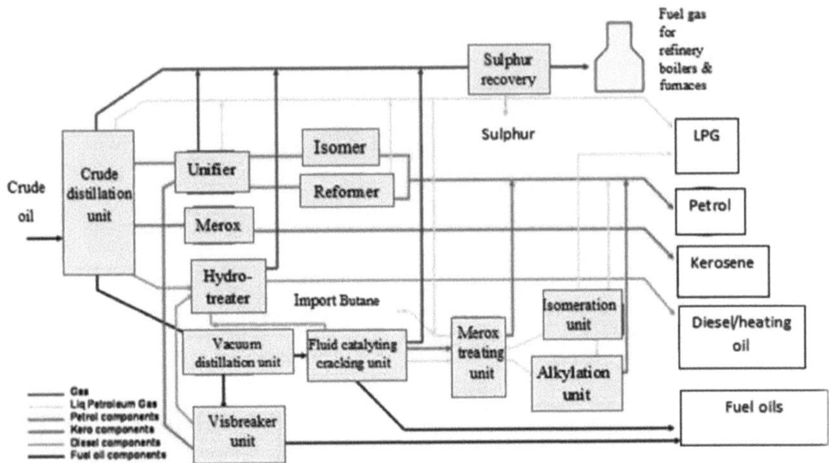

Figura 3.3 Configuração típica de uma refinaria de petróleo, **{Reyn, 2012}**

Os itens de combustível primário podem ser caracterizados de forma semelhante ao segmento de refinação, para simplificar. Os elementos mais leves dentro da secção sobem enquanto os elementos mais pesados descem. Os tratamentos adicionais que ocorrem podem ser resumidos por tipo de combustível e estrutura de carbono.

Resumidamente, a refinação da gasolina inclui uma série de fases que incluem a separação e a mistura de produtos petrolíferos. Os cinco processos dignos de nota são apresentados rapidamente a seguir **{Reyn, 2012}**.

1. Processo de separação: Este procedimento inclui a divisão dos vários componentes em porções de acordo com os seus contrastes de ponto de vaporização. Normalmente, é necessário um tratamento adicional destas partes para criar os últimos artigos prontos a serem comercializados, **{James, 2005}**.

2. Processo de conversão: A coqueificação e a cisão são processos de alteração utilizados para separar componentes de peso atómico complexo em produtos de peso sub-atómico mais pequeno através do aquecimento e da utilização de reagentes **{James, 2005}**.

3. Tratamento: estes procedimentos são utilizados para eliminar as partes indesejadas e as contaminações, por exemplo, S, N e metais pesados dos artigos. Isto inclui procedimentos, por exemplo, hidrotratamento, desasfaltagem, dessalinização, **{James, 2005}**.

4. Processo de mistura: As refinarias utilizam procedimentos de mistura/combinação para fazer misturas com as diferentes partes do petróleo para criar um último item necessário, por exemplo, gasolina com diferentes graus de octanas,

{James , 2005}.

5. Procedimentos auxiliares: As refinarias dispõem igualmente de diferentes procedimentos e unidades que são imperativos para o funcionamento, fornecendo energia, tratamento de resíduos e outras direcções de utilidade, por exemplo, caldeirões, tratamento de águas residuais e torres de arrefecimento. Os artigos provenientes destes serviços são normalmente reutilizados e utilizados como parte de diferentes procedimentos dentro da refinaria e são igualmente vitais no que respeita à diminuição da contaminação da água e do ar, **{James, 2005}.**

As figuras 3.5 a 3.7 mostram algumas fases do processo de refinação.

Quadro 3.1 Vários processos e produtos na refinação de petróleo, **{Khan e Islam, 2007}**

Process name	Action	Method	Purpose	Feedstock(s)	Product(s)
Fractionati o-n processes					
I. Atmosph-eric distillation	separation	thermal	Separate fraction	Desalted crude oil	Gas, gas oil, distillate, residual
II. Vacuum distillation	separation	thermal	Separate without cracking	Atmospheric tower residual	Gas, gas oil, lube, residual
Conversion processed decompos-ition					
I. Catalytic cracking	Alteration	Catalytic	Upgrade gasoline	Gas oil coke, distillate	Gasoline, petrochemical feedstock
II. Coking	Polymerize	Thermal	Convert vacuum residuals	Gas oil coke, distillate	Gasoline, petrochemical feedstock
II. Hydro-cracking	hydrogenate	Catalytic	Convert to lighter hydrocarbons	Gas oil, cracked oil residual	Lighter higher-quality products
V. Hydrogen steam reforming	decompose	Catalytic/ thermal	Produce hydrogen	De-sulfurized gas, O_2, steam	Hydrogen, CO, CO_2.

V. Steam cracking	decompose	thermal	Crack large molecules	atm tower, heavy fuel/ distillate	Cracked naphtha, coke, residual
VI. Viscosity breaking	decompose	thermal	Reduce viscosity	atm tower residual	Distillate tar
Conversion processes – unification					
I. Alkylation	Combining	Catalytic	Unit olefins and isoparafines	Tower iso-butane/cracker olefine	Iso-octane(alkylate)
II. Grease compoun-ding	Combining	Thermal	Combine soap and oils	Lube oil, fatty acid, alky metal	Lubricating grease
III. Polymerizin-g	Polymerize	Catalytic	Unite 2 or more olefins	Cracker olefins	High octane naphtha, petrochemical stocks
Conversion processes alteration or re-arrangement					
I. Catalytic reforming	Alteration/dehydration	Catalytic	Upgrade low octane naphtha	Coker/ hydro-cracker naphtha	High octaner, reformate/aromatic
II. Isomerization	Rearrange	Catalytic	Straight chain to branch	butane, pentane, hexane	Iso-butane/pentane/hexane
Treatment processes					
I. Amine treating	Treatment	Absorption	Remove acidic contaminants	Sour gas, hydrocarbons w/CO_2 and H_2S	Acid free gases and liquid
II. Desalting	Dehydration	absorption	Remove contaminants	Crude oil	Desalted crude oil

II. Drying	Treatment	Absorption /therm	Remove H_2O and sulfur compounds	Liquid hydrocarbons, LPG, alky feedstock	Sweet and dry hydrocarbons
V. Furfural extraction	Solvent extra.	Absorption	Upgrade mid distillate and lubes	Cycle oils and lube feedstocks	High-quality diesel and lube oil
V. Hydro-de-sulfurization	Treatment	Catalytic	Remove sulfur, contaminants	High-sulfur residual/ gas oil	De-sulfurized olefins

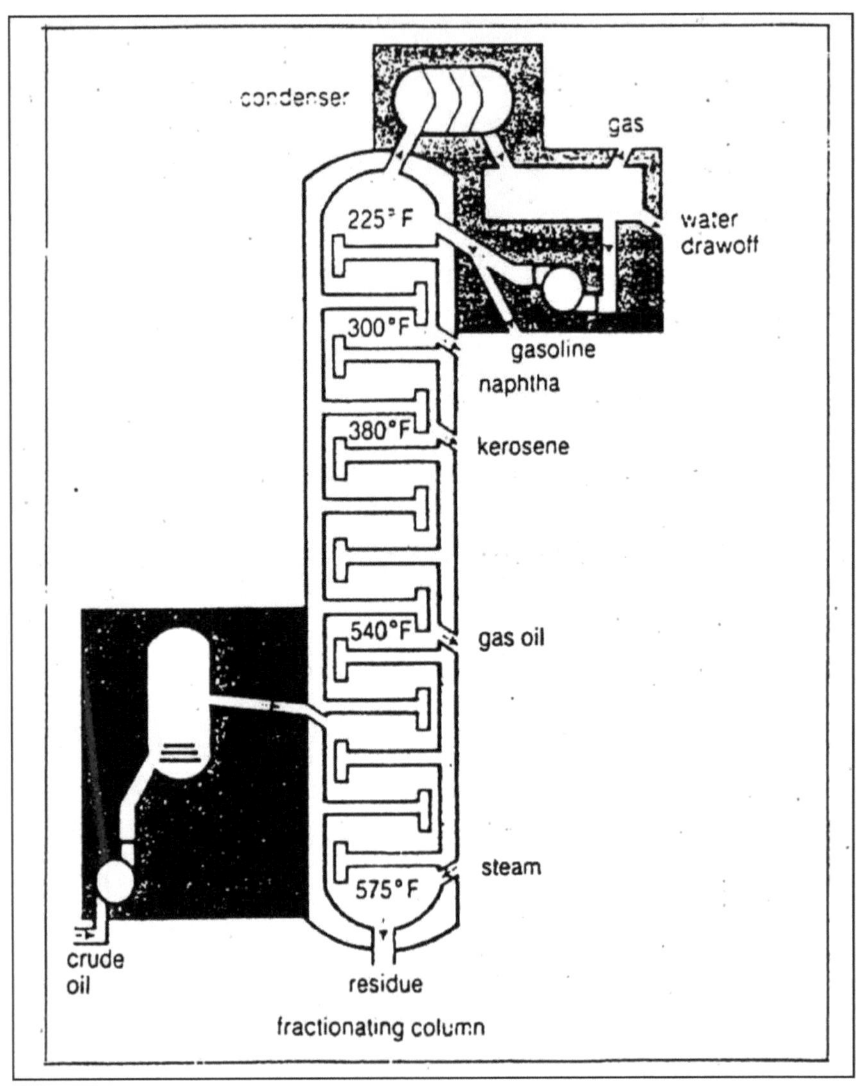

Figura 3.4 Unidade de destilação atmosférica {**administração do ambiente**}

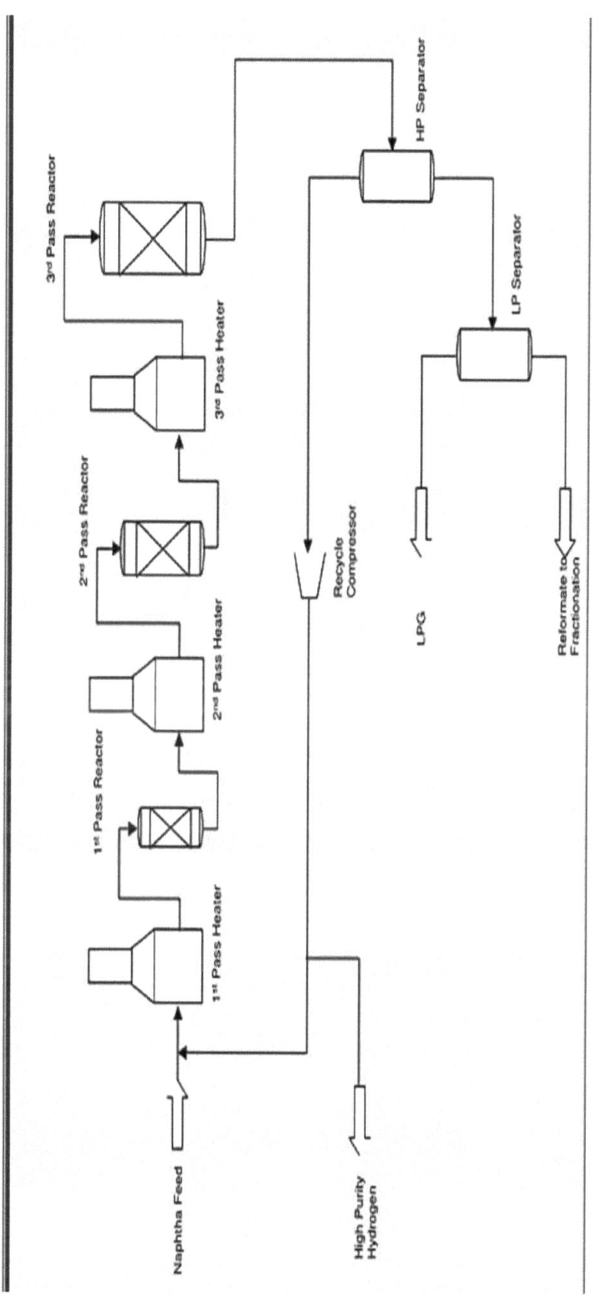

Figura 3.5 Esquema do processo de reforma catalítica **{Ronald, 2009}**

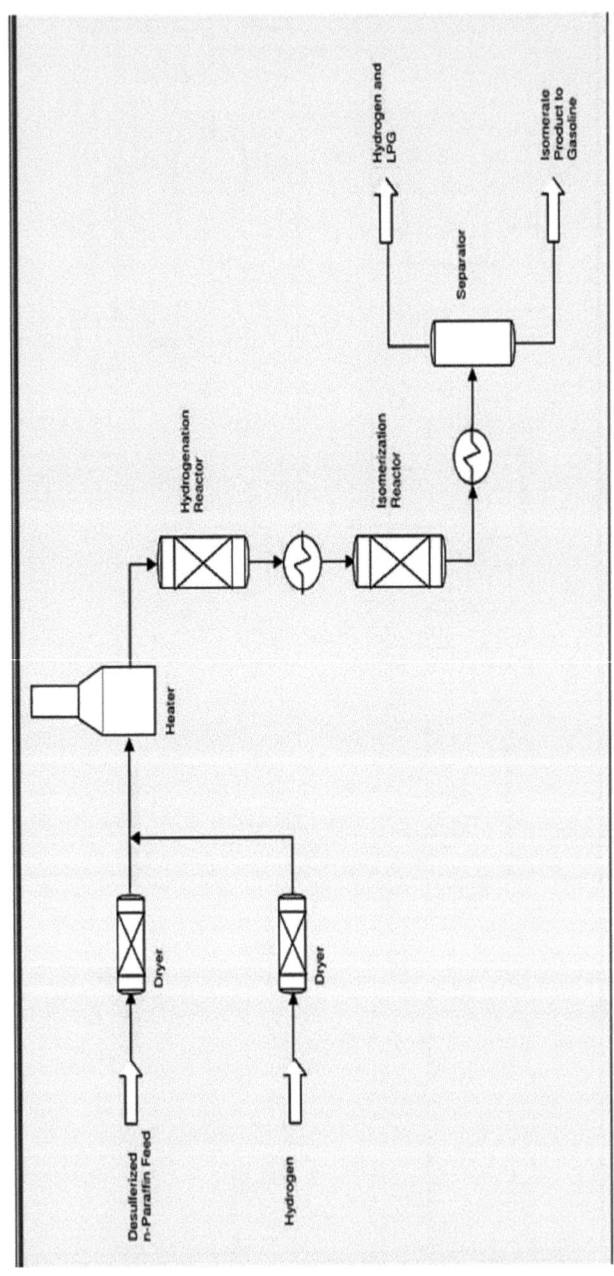

Figura 3.6 Esquema do processo de isomerização {**Ronald, 2009**}

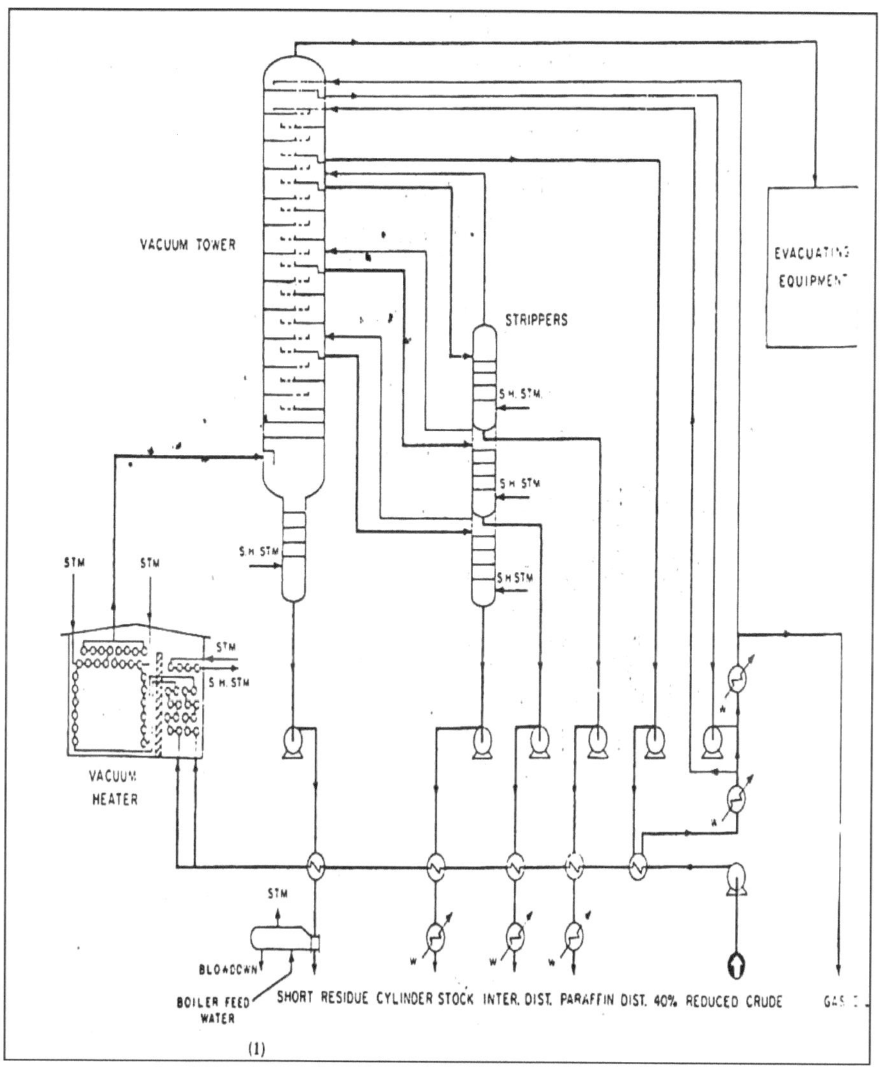

Figura 3.7 Unidade de destilação a vácuo {**Ministério do Ambiente**}

Os diferentes produtos de refinação são apresentados a seguir:

1. A nafta é uma designação comum aos produtos petrolíferos refinados, parcialmente refinados ou não refinados, com baixo ponto de ebulição. Os consumos fundamentais da nafta de petróleo situam-se nas seguintes finalidades gerais: (1) antecedente da gasolina e de outros combustíveis líquidos, (2) dissolvente (diluentes)

para tintas, (3) flush de limpeza, (4) solvente de asfalto de corte, (5) dissolvente no fabrico de borracha, e (6) dissolvente para práticas de extração industrializadas, **{James, 2005}**.

2. A gasolina é normalmente retirada da parte de destilação e limpa no que é conhecido como unifiner. Um unifiner elimina as misturas de enxofre e azoto no combustível e produz sulfureto de hidrogénio e NH3 como resíduos. Nessa altura, a estrutura molecular é alterada para aumentar os níveis de octano do combustível, com o objetivo de o tornar adequado para a combustão em veículos com motor e outros motores de combustão a gasolina, **{Reyn , 2012 }.**

3. Querosene: no passado, o querosene era o principal produto de refinaria antes do início da fase dos veículos, mas o combustível de querosene pode ser rotulado como um dos poucos outros produtos de gasolina depois da gasolina. O querosene começou como uma porção direta (refinada) de petróleo que borbulhava entre cerca de 150 e 350° C, **{James, 2005}**.

4. O gasóleo e o gasóleo são normalmente utilizados para motores de ignição e para fins de aquecimento. Requerem um tratamento pós-refinação numa unidade designada por hidrotratador. A unidade de hidrotratamento elimina o enxofre e outras impurezas, utilizando como reagente o hidrogénio reutilizado de outros processos. O gasóleo e o gasóleo são normalmente preparados para o mercado após este procedimento, **{Reyn, 2012}**.

5. Os óleos combustíveis são normalmente utilizados para o aquecimento e o transporte marítimo. Estes combustíveis implicam uma destilação suplementar através de um processo designado por destilação sob vácuo. A destilação por vácuo é um processo comparável ao processo de destilação atmosférica, mas a pressão no interior do segmento de destilação é reduzida de forma crítica, de modo a que os combustíveis extra mais leves possam ser separados e capturados para processamento posterior **{Reyn, 2012}.**

6. O GPL é uma mistura de gás propano e butano que pode ser transformado em fase líquida por pressão aplicada, resultando da unidade de destilação atmosférica. O GPL é considerado um combustível doméstico vital, além de ser utilizado como material intermédio no fabrico de produtos petroquímicos.

7. Outros elementos: representam os outros produtos resultantes da unidade de destilação de vácuo que destila o fuelóleo pesado resultante da unidade de destilação atmosférica; estes produtos são o óleo lubrificante e o asfalto.

8. 1.3 Impactos ambientais da refinação

A refinação de petróleo é uma das maiores empresas comerciais do mundo, e os riscos ecológicos latentes relacionados com as refinarias têm suscitado uma maior preocupação nas sociedades mais próximas.

As refinarias são geralmente consideradas a principal fonte de contaminação nas zonas onde estão localizadas e são reguladas por várias leis ecológicas associadas à água, ao ar e ao solo.

3.1.3.1 Poluição atmosférica

As refinarias de petróleo são uma das principais fontes de contaminantes atmosféricos perigosos e venenosos, por exemplo, o benzeno e o tolueno. São igualmente uma das principais causas de contaminantes atmosféricos critérios PM, N0x, CO, SOx.

As refinarias descarregam igualmente hidrocarbonetos menos nocivos, por exemplo, gás normal (metano) e outros combustíveis e óleos leves instáveis.

As libertações de ar podem ter origem em várias fontes no interior de uma refinaria de petróleo, tais como fugas de equipamentos (de reguladores ou de outros dispositivos), processos de ignição a alta temperatura na combustão de combustíveis para a produção de energia eléctrica, caldeiras de vapor e de tratamento de líquidos e transporte de artigos. A mistura de hidrocarbonetos e óxidos de azoto contribui igualmente para a formação de ozono, um dos problemas mais importantes de contaminação do ar, {James, 2005}.

3.1.3.2 Poluição da água

Os efluentes da refinação de petróleo bruto incluem uma grande quantidade de dois tipos de águas residuais industriais "ácidas" e águas de processo não ácidas/não oleosas, mas a sua alcalinidade é elevada. A hidrodessulfurização de destilados leves e médios, a cobertura, a destilação de vácuo, a dessalinização, o pré-tratamento, o hidrocraqueamento, o craqueamento catalítico, a viscorredução e o coqueamento são as principais fontes de águas ácidas. Os poluentes nas águas ácidas podem ser IBS, NH_3, hidrocarbonetos, fenol, compostos orgânicos de enxofre e ácidos orgânicos. As libertações não planeadas ou fugas de produtos de tanques de armazenamento, equipamento de procedimento e maquinaria podem também resultar em efluentes líquidos, **{IFC, 2007}.**

3.1.3.3 Poluição do solo

A contaminação dos solos devido ao fabrico da refinaria representa um problema menos importante do que a poluição do ar e da água. As práticas da geração anterior podem ter provocado derrames na propriedade da refinaria que agora devem ser limpos. Os organismos microscópicos regulares que podem utilizar os produtos petrolíferos como sustento são frequentemente bem sucedidos na limpeza de derrames e buracos de gasolina, ao contrário de numerosas toxinas diferentes. Os processos de refinação resultam em numerosos resíduos, alguns dos quais são reutilizados em diferentes fases do processo. Vários resíduos são recolhidos e depositados em aterros, ou podem ser recuperados por diferentes instalações. Os poluentes do solo, incluindo alguns resíduos perigosos, impetus usados ou poeiras de coque, são depositados como resíduos ou derrames no local ou fora dele durante o transporte, **{James ,2005}.**

3.1.3.4 Poluição sonora

A maior fonte de clamor na indústria de refinação de petróleo incorpora máquinas pivotantes expansivas, por exemplo, compressores e turbinas, bombas, motores eléctricos, arrefecedores de ar (se existirem) e aquecedores. Durante uma crise de despressurização, podem ser produzidos níveis elevados de clamor devido a gases de alta pressão para queima e/ou descarga de vapor para o ar.

3.2 Avaliação do ciclo de vida (ACV)

3.2.1 Introdução

Devido a uma maior atenção à importância da proteção ecológica e aos potenciais efeitos relacionados com os esquemas de produtos, tem havido uma maior sensibilização para o aperfeiçoamento de técnicas que permitam compreender melhor e abordar estes efeitos. A IS014040 (2005) definiu a ACV como a recolha e a avaliação das entradas e saídas e dos impactos ecológicos prováveis de um serviço ou de uma estrutura de um artigo ao longo do seu ciclo de vida, como mostra a Fig. 3.8, **{Sahar, 2013}.**

A ACV é frequentemente utilizada como uma ferramenta sistemática de apoio à escolha, {Fava, **1993}**. É bem conhecido o facto de ter sido utilizada para comparar métodos de produção e manuseamento de materiais, por exemplo, para comparar a reutilização e a queima como opção de gestão de resíduos, {Selmes, **2005}**. A ACV está gradualmente a ser vista como um instrumento para a obtenção de ciclos de vida mais eco-eficientes, **{Mohamad et al, 2009}.**

Uma ACV começa com o estabelecimento de um objetivo e de um âmbito, onde são caracterizadas e arquivadas as razões para a avaliação, os limites do enquadramento e as unidades funcionais. Em seguida, é estabelecido um inventário do ciclo de vida (ICV) para acompanhar o objetivo e o âmbito da avaliação. O ICV contém as libertações ambientais e as entradas e saídas de energia e materiais dos sistemas visados. Os resultados do ICV são categorizados em categorias de impacte específicas e, em seguida, são combinados com a caraterização de factores exclusivos das emissões e formas (AICV). Frequentemente, os resultados da AICV são equilibrados em relação aos valores de referência (normalização). No momento em que são dadas necessidades a certas classificações de efeitos, os resultados normalizados são ajustados através de um procedimento de ponderação. Por fim, o resultado da avaliação é interpretado, de modo a encorajar a tomada de decisões informadas, **{Hiroko, 2014}.**

A ACV é extremamente eficaz na distinção de oportunidades para melhorar o desempenho ambiental dos produtos em diferentes fases do seu ciclo de vida; aconselha os líderes da indústria, do governo, etc., em relação ao planeamento estratégico e à definição de importância, para dar alguns exemplos. Pode igualmente ajudar na escolha de indicadores de desempenho ambiental que contenham métodos de medição e publicidade. A utilização da ACV para produtos e administrações está, desta forma, a tornar-se um dispositivo útil na tomada de decisões, na documentação do desempenho do processo e do sistema, **{Sahar, 2013}.**

A ACV proporciona uma fase adaptável para a recolha de informações ambientais sobre alternativas de gestão que não podem ser analisadas diretamente. No âmbito da estrutura da ACV, os limites do quadro podem ser alargados para incorporar os fluxos de saída a montante da aquisição de vitalidade e materiais. O impacte das descargas de resíduos através da substituição da produção de energia e de materiais pode ser incorporado alargando os limites do quadro aos procedimentos a jusante e subtraindo as emissões relacionadas com o aprovisionamento de energia e a produção de materiais que geralmente ocorre, **{Hiroko, 2014}.**

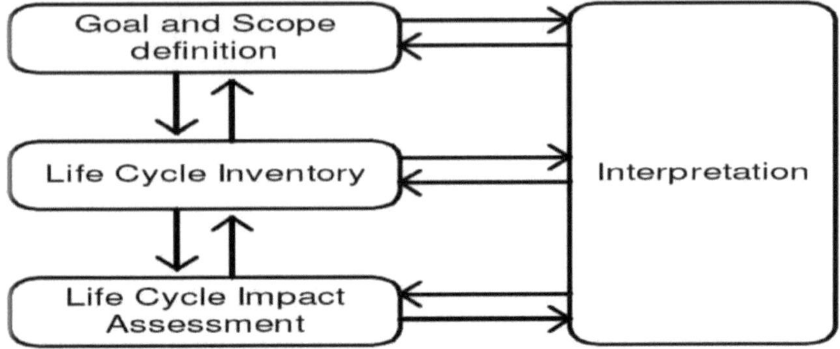

Figura 3.8 As fases da ACV de acordo com a norma ISO 14040, **{Negelah, 2008}.**

3.2.2 Porquê utilizar a ACV?

Uma ACV eficaz permite aos investigadores

1. Avaliar o impacto ambiental de um produto.
2. Reconhecer o impacto ambiental positivo ou negativo de um procedimento ou produto.
3. Encontrar oportunidades de melhoria dos procedimentos e dos produtos.
4. Comparar e examinar alguns procedimentos em função do seu impacto ambiental.
5. Defender quantitativamente um ajustamento num procedimento ou num produto, **{Nahb research center, 2001}.**

3.1.1 Sistema metodológico de ACV (Quadro)

A ACV foi apresentada de acordo com os princípios e a estrutura categorizados nas cadeias IS014040. A série ISO 14040-43 representa as quatro fases da ACV, ver fig. 3.10.ISO (14040 - Definição do objetivo e do âmbito, 14041 - ICV, 14042 - AICV, 14043 - Interpretação do ciclo de vida), **{Ngelah, 2008}**. Segue-se a ideia da metodologia da ACV.

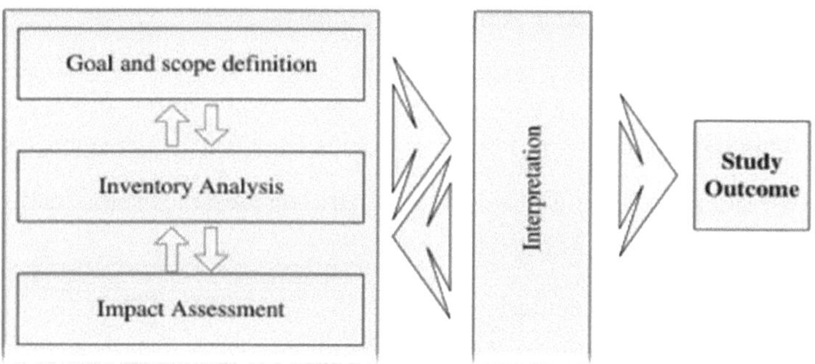

Figura 3.9 Estrutura da ACV, **{ISO 14040, 2006}**

1. Princípios e enquadramento da ACV ISO 14040: Identifica o sistema global, as normas e os requisitos para a apresentação e comunicação de estudos de ACV, mas não retrata o método de ACV no seu ponto de interesse.

2. Definição do objetivo e do âmbito e análise do inventário _ISO 14041-: Identifica os pré-requisitos e métodos para a recolha e preparação da definição do objetivo e âmbito de uma avaliação do ciclo de vida e para a realização, interpretação e comunicação de uma análise (LCI).

3. LCIA ISO 14042-: Define e oferece regulamentação sobre a estrutura geral da fase de ACV (AICV) e as principais características e limitações inerentes à AICV. Indica os pré-requisitos para dirigir a fase de avaliação do impacto do ciclo de vida e a relação entre a avaliação do impacto do ciclo de vida e outras fases da avaliação do ciclo de vida.

4. Interpretação do ciclo de vida -ISO 14043: Fornece pré-requisitos e sugestões para conduzir a interpretação do ciclo de vida na avaliação do ciclo de vida ou estudos de ICV. Não descreve abordagens específicas para a fase de interpretação do ciclo de vida dos estudos de avaliação do ciclo de vida e de inventário do ciclo de vida, **{Nahb Research Center, 2001}.**

3.2.3.1. Definição do objetivo e do âmbito

O objetivo e o âmbito da ACV devem ser descritos e estar de acordo com a aplicação prevista. Uma vez que a ACV é um procedimento iterativo, esta fase pode ser retomada e reajustada com o progresso do estudo.

1. Objetivo (meta) do estudo

Os seguintes elementos devem ser expressos de forma óbvia, em meio a uma definição objetiva na ACV: a. A aplicação proposta.

b. Os objectivos subjacentes à realização do estudo.

c. O grupo-alvo.

d. Se os resultados serão utilizados como parte de atestados semelhantes, com o objetivo de serem revelados às pessoas em geral.

2. Extensão (âmbito) do estudo

A extensão de um estudo caracteriza o quadro, os limites, os pré-requisitos de informação, as suspeitas e os impedimentos. O âmbito deve ser descrito em elementos subtis para garantir que toda a análise é perfeita e adequada para abordar o objetivo listado. Todos os limites de dados, técnicas, categorias de dados e pressupostos devem ser obviamente expressos e devem ter um âmbito geográfico (local, regional e global) e temporal (vida útil do item, horizonte temporal dos procedimentos e efeitos), **{Ngelah, 2008}**.

a. Enquadramento do produto, função e unidade funcional

A estrutura do artigo ou do serviço deve ser expressa de forma evidente e, além disso, os atributos de desempenho da estrutura que está a ser estudada. A unidade funcional deve ser fiável em relação ao objetivo e ao âmbito do estudo. O principal papel da unidade funcional é fornecer uma referência para a qual as informações de entrada e saída podem ser padronizadas. A comparação entre quadros deve ser efectuada com base no princípio da(s) mesma(s) função(ões) medida(s) pela(s) mesma(s) unidade(s) utilitária(s) como fluxos de referência.

Por definição, um fluxo de referência é uma medida dos rendimentos dos procedimentos num determinado quadro de itens necessários para satisfazer a função declarada pela unidade funcional.

b. Limite do sistema

O limite do enquadramento decide os procedimentos unitários incluídos na ACV. Os limites de enquadramento escolhidos devem ser previsíveis em relação ao objetivo do estudo. Da mesma forma, os critérios utilizados para estabelecer o limite de enquadramento devem ser reconhecidos e clarificados. A exclusão de certas fases do ciclo de vida, procedimentos ou resultados só é permitida se não alterar fundamentalmente as conclusões gerais do estudo e devem ser dadas explicações. O quadro pode ser representado utilizando um fluxograma de procedimentos que demonstre os processos unitários e a sua inter-relação. Os critérios de exclusão para a inclusão inicial de entradas e rendimentos e os pressupostos sobre os quais os critérios de exclusão são construídos devem ser claramente descritos. São utilizados numerosos critérios de exclusão como parte da ACV para escolher quais as entradas a incorporar, por exemplo, massa, vitalidade e significado ecológico, **{Ngelah, 2008}**. Para uma situação em que o estudo está planeado para ser utilizado como parte de afirmações semelhantes propostas para serem divulgadas ao público, a última análise de sensibilidade dos dados de entradas e rendimentos pode incorporar os critérios de massa, vitalidade e consequência ecológica, de modo a que todas as entradas que contribuem agregadamente mais do que uma quantidade caracterizada (por exemplo, taxa) para o total sejam incorporadas no estudo, **{ISO 14040, 1997}**.

c. Metodologia LCIA e tipos de impactos

As categorias de impacto devem ser resolvidas e, além disso, caraterizar indicadores de categoria e modelos de caraterização. A escolha destes, na fase de AICV, deve ser previsível com o objetivo do estudo.

d. Tipos e fontes de dados

As informações escolhidas dependem do objetivo e da extensão do estudo e podem ser recolhidas no local de produção relacionado com o procedimento da unidade dentro do limite da estrutura ou podem ser obtidas ou calculadas a partir de diferentes fontes. A fonte de informação pode incluir dados medidos, calculados ou estimados.

e. Requisitos de qualidade dos dados

Os dados na avaliação do ciclo de vida são caracterizados como o nível de confiança nas entradas individuais e no conjunto de informações de produção no seu todo. A necessidade de qualidade dos dados deve ter em consideração aspectos como, por exemplo, o âmbito temporal, o âmbito territorial, o âmbito tecnológico, a exatidão, a culminação, a representatividade, a consistência, a reprodutibilidade e também a fonte de informação, **{Ngelah, 2008}**.

3.2.3.2 Análise do inventário

A fase em que se activam todos os dados sobre as emissões e o consumo dos diferentes recursos utilizados no sistema (sistema em estudo), **{Thitirut, 2005}**.

3.2.3.3 Avaliação de Impacto (LCIA)

A definição de AICV, de acordo com a ISO 1442, é a análise do sistema do produto de um ponto de vista ecológico, utilizando categorias de impacto e indicadores de categoria relacionados com os resultados do inventário do ciclo de vida (ICV), **{ISO 14042, 2006}**, como mostra a Fig. 3.10.

3.2.3.4 Interpretação do ciclo de vida

Os resultados do ICV e da AICV são combinados para fornecer os objectivos descritos do estudo, **{Thitirut, 2005}.** Além disso, esta fase pretende fornecer uma apresentação razoável, completa e fiável dos resultados de uma avaliação do ciclo de vida de acordo com o objetivo e o significado da extensão da investigação. Os resultados desta fase aparecem sob a forma de conclusões e recomendações aos investigadores, **{ISO, 2006}**, todo o procedimento da ACV é apresentado na Fig. 3.11.

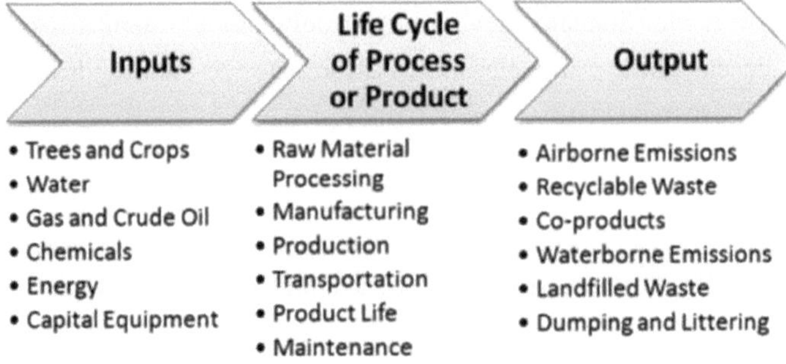

Figura 3.10 Elementos da fase AICV, **{ISO, 2006}**

AVALIAÇÃO DO IMPACTO DO CICLO DE VIDA

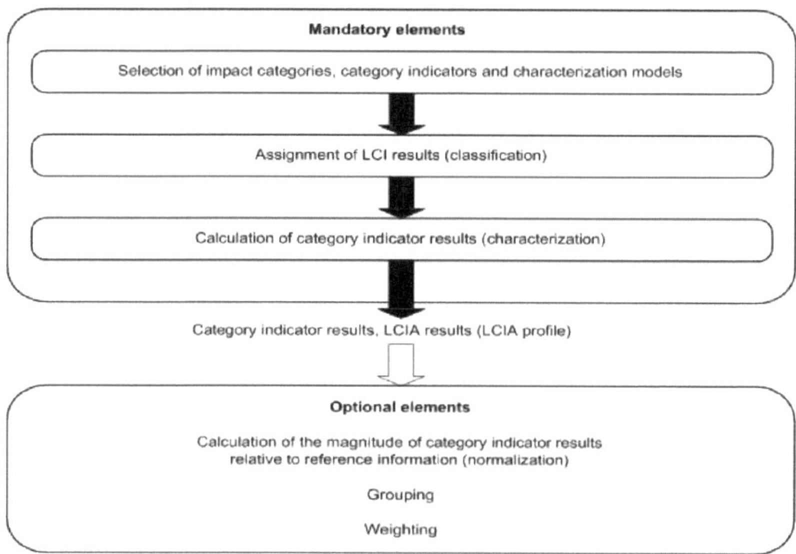

Figura 3.11 Exemplo de fase do ciclo de vida, **{Aida, 2009}**

3.3 SimaPro7

3.3.1 Introdução

O programa SimaPro 7 (System for Integrated natural Assessment of Products), criado pela empresa holandesa PRe Consultants (PRe, 2005), será utilizado como ferramenta de modelação e análise da avaliação do ciclo de vida, **{Notarnicola et al., 2015}**. As fases da ACV são organizadas no SimaPro de acordo com as normas de ACV IS014040 e ISO14044, **{Ngelah, 2008}.** O software permite visualizar e decompor ciclos de vida complexos de uma forma deliberada e direta, seguindo as propostas da ISO 14040. O software inclui algumas bases de dados de inventário (bibliotecas) com informações sobre os materiais e procedimentos mais utilizados, por exemplo, a produção de energia, o transporte e os materiais, por exemplo, plásticos ou metais, que podem ser utilizados como dados de base no âmbito do estudo. De acordo com um inquérito recente sobre software de ACV (Jonbrink et al., 2000), o SimaPro é adequado para estudos de ACV do berço ao túmulo e outros estudos parciais de ACV e pode ser utilizado por especialistas em ACV e engenheiros ambientais, bem como por engenheiros de projeto **{Notarnicola et al., 2015}.**

O SimaPro dispõe de um certo número de técnicas utilizadas para efeitos de avaliação do impacto. Estes métodos ou técnicas são apresentados no quadro 3.2.

Quadro 3.2 Métodos de análise Simapro7, **{PRe Consultants, 2008}**

Method	Background publication
CML 2001	(Guinée et al. 2001a; b)
Cumulative energy demand (CED)	Own concept
Cumulative exergy demand (CExD)	(Boesch et al. 2007)
Eco-indicator 99	(Goedkoop & Spriensma 2000a; b)
Ecological Footprint	Huijbregts et al. 2006
Ecological scarcity 1997	(Brand et al. 1998)
Ecological Damage Potential (EDP)	(Köllner & Scholz 2007a; b)
EDIP - Environmental Design of Industrial Products 1997	(Hauschild & Wenzel 1997), DK LCA Center 2007
EDIP - Environmental Design of Industrial Products 2003	(Hauschild & Potting 2005)
EPS - environmental priority strategies in product development	(Steen 1999)
IMPACT 2002+	(Jolliet et al. 2003)
IPCC 2001 (Global Warming Potential)	(Albritton & Meira-Filho 2001; IPCC 2001)
TRACI	(Bare 2004; Bare J. C. et al. 2007)
Selected LCI indicators	ecoinvent final reports

De seguida, apresentam-se as etapas da avaliação do ciclo de vida de acordo com o simapro7:

1-Definição do objetivo e do âmbito no SimaPro

É possível aceder a um segmento extraordinário para explicar o objetivo e a extensão de cada estudo de caso. Existem três domínios e estes incluem;

a. Campos de texto nos quais pode ser feita uma descrição dos aspectos distintivos da definição do objetivo e do âmbito. O conteúdo aqui introduzido pode ser posteriormente duplicado e fixado no relatório.

b. Um segmento de bibliotecas em que é possível predefinir quais as bibliotecas com informação normalizada que são consideradas pertinentes para o projeto a implementar. Por exemplo, para estudos de avaliação do ciclo de vida relacionados com a Europa, é possível desativar a base de dados USA-IO, o que evita a inclusão não planeada de informações indesejáveis.

c. Segmento da qualidade dos dados em que as características dos dados podem ser predefinidas, **{PRe Consultants, 2010}.**

2-Inventário no SimaPro

No SimaPro, as fases do procedimento e do item estão simplesmente disponíveis e os limites da estrutura são utilizados como documentação extra como parte de alguns procedimentos. Do mesmo modo, os tipos de resíduos são registados aquando da gestão de materiais em cenários de resíduos, **{Ngelah, 2008}.**

3-Avaliação de impacto no SimaPro

Existe uma grande variedade de técnicas de avaliação de impacto acessíveis no SimaPro. A estrutura fundamental das técnicas de avaliação de impacto no SimaPro é a caraterização, a avaliação dos danos, a normalização e a ponderação, **{Ngelah, 2008}.**

4- Interpretações no SimaPro

Pretende-se que esta seja uma agenda que abranja as questões importantes referidas nas directrizes ISO utilizadas. Tal como recomendado pela Pre Consultants (2006), as percepções são preenchidas quando o estudo de ACV está a ser concluído e as conclusões são tiradas, **{Negelah, 2008}.**

3.3.2 Estrutura dos métodos Simapro7

Cada método no SimaPro7 consiste na seguinte estrutura de passos:

- Caracterização
- Avaliação dos danos
- Normalização
- Ponderação

As últimas fases (avaliação dos danos, normalização e ponderação) são consideradas como fases opcionais de acordo com a ISO. Não estão geralmente acessíveis em todas as estratégias. No SimaPro, quando se altera uma estratégia, é possível ativar ou desativar as etapas discricionárias, **{PRe Consultants, 2008}.**

1.3.3 A escolha do método de avaliação do ciclo de vida

Categorias de impacte Ao escolher as categorias de impacte e a técnica de ACV, deve ter-se sempre presente o objetivo e o âmbito da investigação. No momento de comparar os impactes ambientais dos ciclos de vida dos combustíveis e dos combustíveis fósseis, estes devem ser considerados em categorias de impacte comparativas (por exemplo, aquecimento global). Um conjunto típico de categorias em que o impacto ambiental de um sistema de itens é determinado (método: impacto 2002+ do SimaPro) é demonstrado da seguinte forma, **{Izabela et al., 2015}**.

1.3.4 (Método Impacto 2002+)

O Impact 2002+ é um método de avaliação de impactes inicialmente estabelecido na Organização Federal Suíça de Tecnologia - Lausanne (EPFL), com os actuais melhoramentos realizados pela mesma equipa de peritos, atualmente sob o nome de ecointesys-life cycle frameworks (Lausanne). A presente metodologia recomenda uma utilização exequível de um método combinado de ponto médio/dano, ligando inteiramente tipos de resultados de ICV através de 14 categorias de ponto médio a quatro categorias de dano, **{PRe Consultants,2008}**, como mostra a Fig. 3.12.

Para o IMPACT 2002+ foram criados novos modelos e metodologias, especialmente para a avaliação relativa da toxicidade humana e da ecotoxicidade. São calculados indicadores de danos humanos para carcinogéneos e não carcinogéneos, fracções de ingestão, avaliações mais notáveis dos factores de declive da dose-resposta e, adicionalmente, gravidades.

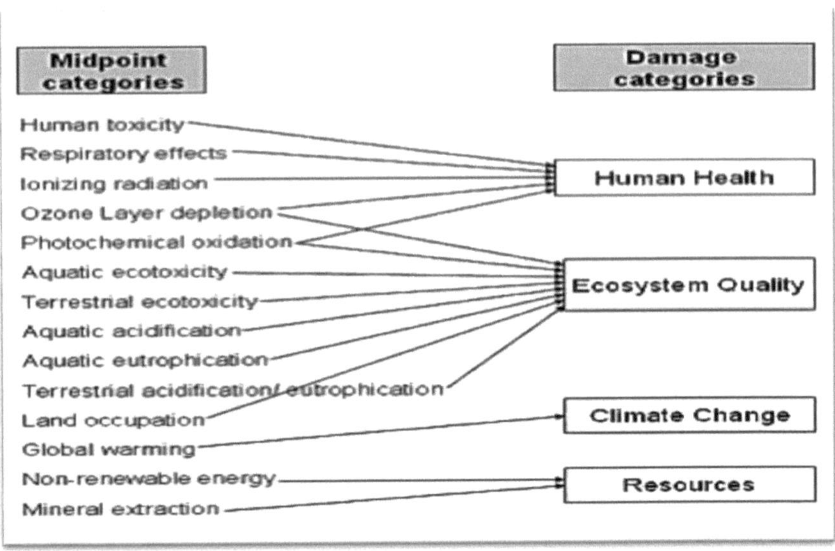

Figura 3.13 O quadro IMPACT 2002+, que liga os resultados do ICM através das categorias de ponto médio (categorias de impacto) às categorias de danos, **{PRe**

Consultants, 2008}

1- Caracterização

Os factores de caraterização para a toxicidade humana e a ecotoxicidade aquática e terrestre são retirados da metodologia impact 2002 - avaliação do impacto dos tóxicos químicos. Os factores de caraterização para várias categorias são modificados a partir de metodologias de representação existentes, ou seja, eco-indicador 99, CML 2001, IPCC e o pedido de vitalidade agregada, **{PRe Consultants, 2008}.**

2- Normalização

O fator de dano expresso no inventário Eco é normalizado separando o impacto por unidade de libertação pelo impacto total de todos os assuntos da categoria particular para a qual existem factores de caraterização, por indivíduo de forma consistente (para a Europa). A unidade de todos os pontos médios/factores de dano normalizados é assim [pers*year/unit emission], ou seja, o número de pessoas influenciadas ao longo de um ano por cada unidade de libertação, **{PRe Consultants, 2008}.**

3- Ponderação

O projetista do IMPACT2002+ recomendou a separação das pontuações padronizadas ao nível dos danos, considerando os quatro danos centrados nas categorias de impacto de efeito saúde humana, qualidade do ecossistema, alterações climáticas e recursos ou, de outro modo, os 14 pontos médios autónomos para a fase de interpretação da avaliação do ciclo de vida (ACV)**, {PRe Consultants, 2008}.**

Capítulo 4

Estudo de caso

4.1 Resumo sobre a Middle Refineries Company

A Middle Refineries Company (AL-Daura Refinery) é a segunda maior refinaria iraquiana de grande porte no Iraque. Uma das importantes formalizações do Ministério do Petróleo, que produz todos os derivados de petróleo que satisfazem as necessidades do mercado local e exportam o excedente (se disponível) com a contribuição de um grupo das maiores empresas do mundo como (Foster Wheeler), (M.W. Kellog), e (Exxon Research & Engineering).

Foi concebida como uma refinaria transformadora, a fim de obter o máximo benefício do petróleo bruto para apoiar a economia em crescimento do país. Continha muitas unidades que iam desde simples unidades de destilação até unidades de produção de gorduras complexas. Em 1955, a refinaria começou a funcionar e, desde então, continuou a crescer e a progredir. Na altura, mediava bairros residenciais apinhados de gente, depois de estar apenas a cerca de 25 km de Bagdade.

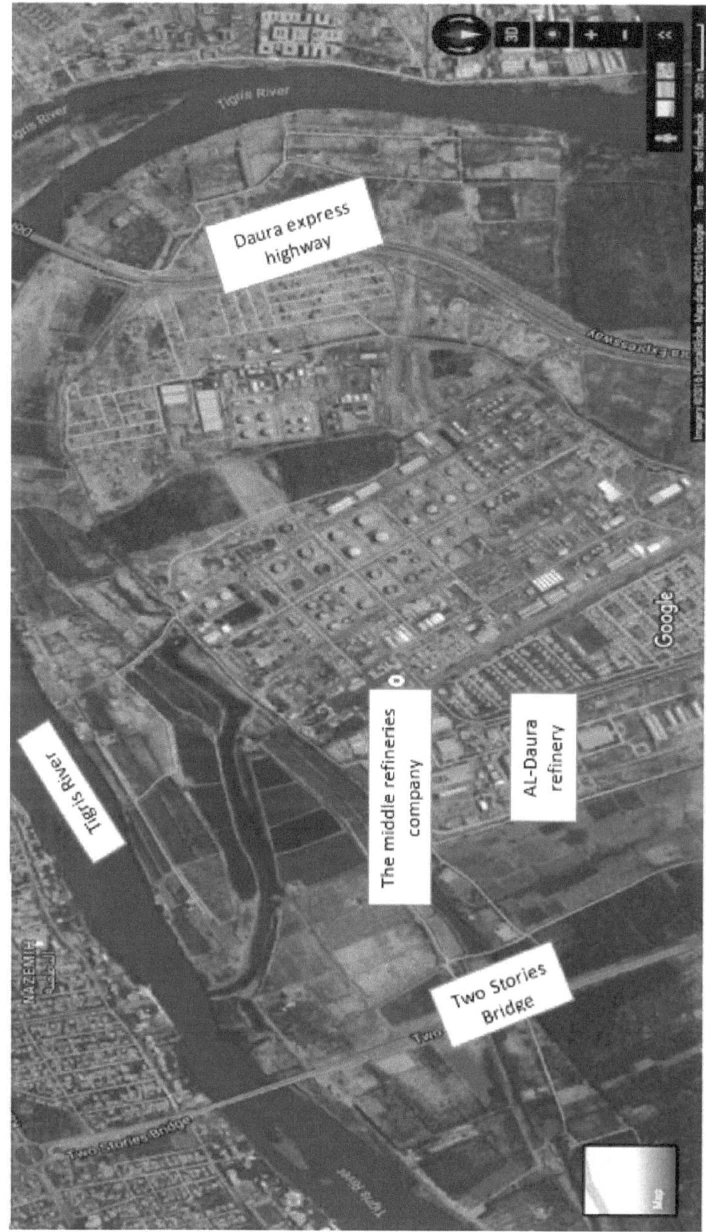

Figura 4.1 Mapa da localização da refinaria de Al-Daura

4.2 O objetivo da refinaria AL-Daura:

A Middle Refineries Company é uma das instalações que contribuem para satisfazer as necessidades das zonas intermédias do país com produtos petrolíferos, alimentando as duas estações de eletricidade e o sul de Bagdade com o combustível necessário. Por conseguinte, o objetivo da empresa foi definido de acordo com o terceiro artigo do seu sistema de regras internas representado em (Refinação, filtragem de petróleo bruto e produção de produtos petrolíferos de todos os tipos).

Para atingir o objetivo da empresa, foram adoptadas muitas actividades, sendo as mais importantes as seguintes

1) Receber e armazenar petróleo bruto para liquidação

2) Exploração e manutenção de unidades de refinaria e produção de produtos petrolíferos de todos os tipos.

3) Armazenamento, transformação e venda de produtos petrolíferos

4) Produção de produtos petrolíferos em contentores e enchimento

5) Gestão e execução de trabalhos e serviços artísticos de apoio às actividades da empresa.

4.3 Refinaria AL-Daura Localização:

A Middle Refineries Company (AL-Daura Refinery) está situada na região de AL-Daura, a sudeste da capital Bagdade. Caracteriza-se pela sua localização privilegiada nas margens do rio Tigre, como mostra a fig. 4.1. Abrange uma área de (808) acres e (47) metros, cerca de (205 Hectares), delimitada a norte e a oeste pelo rio Tigre, a leste pela via rápida e a sul pelas casas do pessoal da refinaria. A capacidade de produção é atualmente de cerca de (210 mil barris por dia). A refinaria de AL-Daura está situada no município de AL-Daura.

4.4 The Middle Refineries Company (AL-Daura Refinery) Departamentos

A Middle Refineries Company (AL-Daura Refinery) é constituída por várias secções e departamentos, nomeadamente

- Departamentos com ligação direta aos quadros superiores da refinaria como:
- Gabinete do Diretor Geral
- Departamento de Auditoria Interna

- Secção Jurídica
- Divisão de Peritos
- Departamento de Investigação e Controlo de Qualidade
- Divisão Central de Continuação
- Autoridade administrativa e financeira. Inclui o seguinte número de secções
- Departamento de Recursos Humanos
- Departamento de contabilidade
- Serviço de Relações Públicas
- Departamento de Formação e Desenvolvimento
- Divisão Central de Informática
- Divisão de Gestão da Qualidade
- Divisão de Media

- Secção Técnica e de Engenharia. Inclui o número dos departamentos importantes seguintes:

- Departamento do Ambiente
- Departamento de Estudos
- Departamento de Projectos
- Departamento de Stocks
- Departamento de Engenharia Civil
- Serviço de compras

- As Secções e Departamentos de Produtividade incluem um número de secções e departamentos. Os mais importantes são os seguintes:

- Departamento de Produção de Gordura
- Departamento de Produção de Derivados Ligeiros
- Serviço de manutenção

- Serviço externo das refinarias
- Direção de Serviços de Energia
- Departamento de Tecnologias da Informação

4.5 Identificação das actividades em ambiente contaminado da refinaria AL-Daura:

A indústria de extração e liquidação de petróleo é considerada uma das indústrias mais complicadas. Necessita de tecnologia devido à natureza do material em bruto, uma vez que é utilizado a altas pressões e temperaturas, bem como à utilização de vários cofactores para obter derivados de petróleo com maior valor e variedade de fins. A filtragem do produto consiste em várias operações, como se segue:

> Receber os materiais e armazená-los na refinaria:

É uma atividade praticada pela empresa, a poluição ocorre nos tanques e nos reservatórios que contribuem para a poluição. A poluição também ocorre através do oleoduto, uma vez que certas quantidades se perdem durante a bombagem, quer se trate de produtos brutos ou de petróleo. Como resultado do aumento de certas quantidades de hidrocarbonetos, surgem os poluentes. As quantidades emitidas ou perdidas devem ser estimadas. Tanto mais que a maioria das Refinarias modernas, que dispõem de equipamentos modernos sem dispositivos, têm em conta a redução de poluentes, a proteção do ambiente, a conservação de energia, entre outros.

As estatísticas mais recentes estimam que as quantidades de produtos perdidas entre 1996 e 1999 foram estimadas em (3022) m^3 _ (18117) m^3 , mas os impactos ambientais não foram especificados. Por conseguinte, o comité industrial recomendou a elaboração de relatórios sobre casos de poluição ambiental, em todas as suas formas, no relatório anual ou no relatório periódico, que é enviado ao Ministério do Petróleo.

4.6 Actividades produtivas:

A refinaria inclui várias secções e departamentos diferentes e integrados. Uma segue a outra na sequência das operações de refinação, que começam com a destilação do petróleo que se separa em diferentes tipos, alguns dos quais podem ser utilizados como produto final sem outras operações, ver fig. 4.3. No entanto, a maior parte dos outros tipos são tratados noutras unidades. O objetivo deste processamento é produzir quantidades de derivados ou melhorar a quantidade das suas especificações com vários tipos de processos de separação. O processo de refinação é realizado por secções produtivas e secções patrocinadoras, sendo esta a mais importante das secções produtivas. A fig. 4.4 mostra o desenvolvimento da capacidade de produção da refinaria AL-Daura.

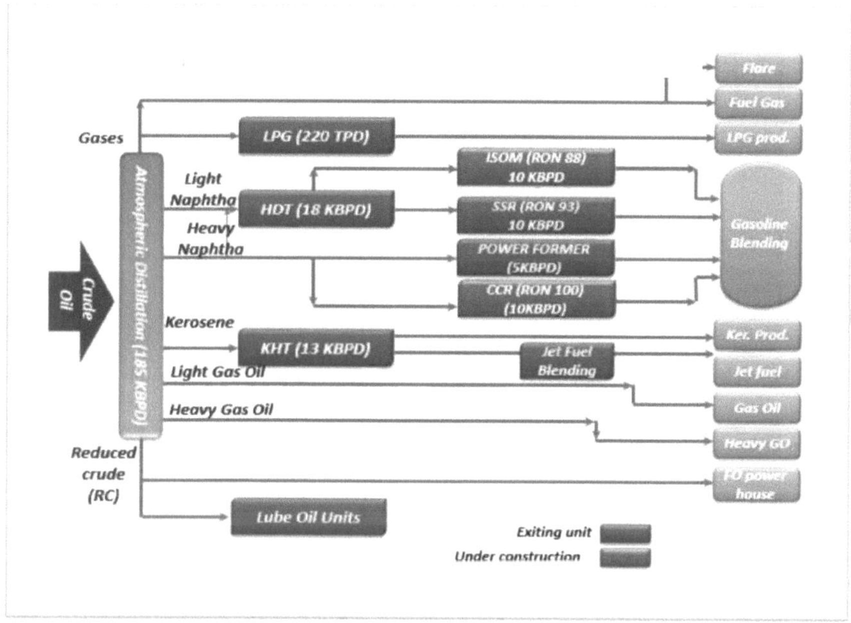

Figura 4.2 Configuração da refinaria AL-Daura

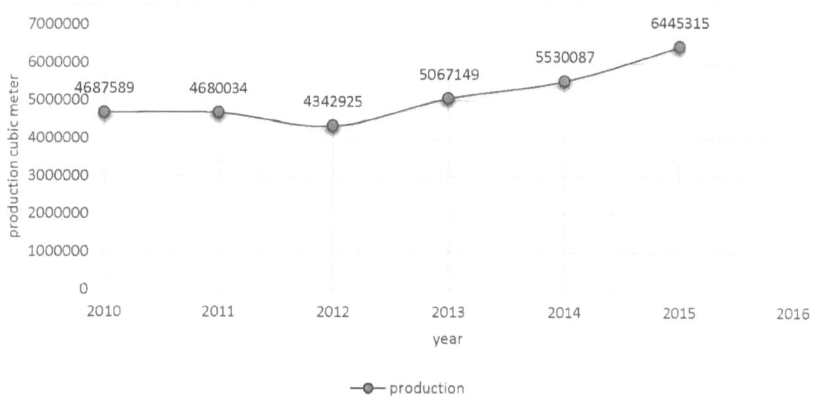

Figura 4.3 Evolução da capacidade de produção da refinaria

4.6.1 Unidade de destilados leves

O departamento de refinação é considerado como a terceira secção operacional, criada com o início do estabelecimento de refinação em 1952. Com a instalação de uma unidade de destilação atmosférica com uma energia de 26 600 barris/dia, a fim de satisfazer as necessidades das unidades de fabrico (hidrogenação, gordura) que se estabeleceram mais tarde, foram instaladas duas unidades de destilação adicionais, passando a ser, em 1967, três unidades com uma energia total de 70000 barris/dia.

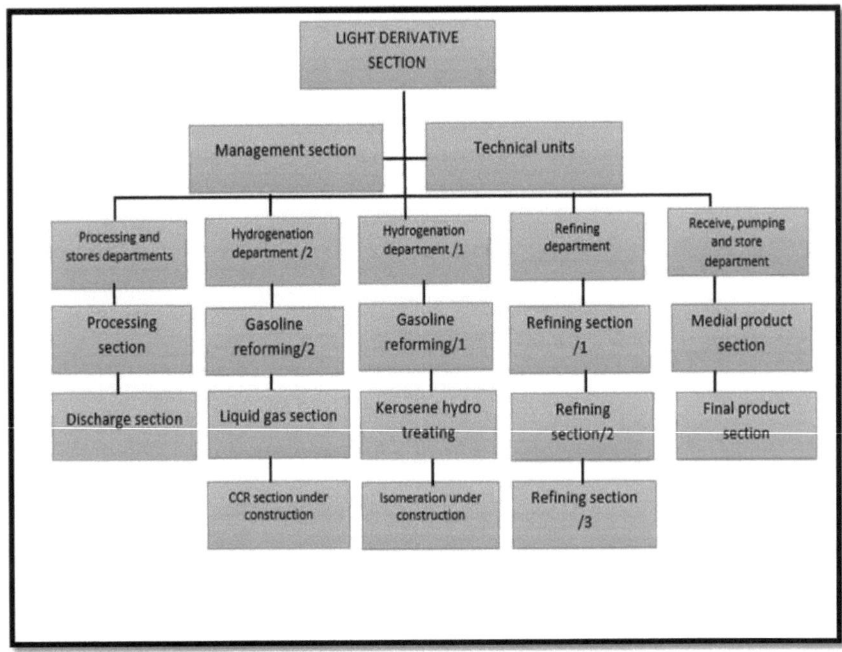

Figura 4.4 Secção de destilados leves da refinaria AL-Daura

Para acompanhar as técnicas modernas nas indústrias petrolíferas, em 2009 e 2010 foi iniciada a construção de duas unidades de destilação atmosférica (2,1 jique) com a energia de 70000 barris/dia para cada unidade que foi distinguida usando o sistema DSC, ver fig. 4.6.

O departamento de refinação é considerado como o principal alimentador das restantes unidades operacionais que lidam com o petróleo bruto como material nutritivo e o separam em produtos através de processos físicos em torres de destilação de ar que dependem do princípio da pressão e do calor. A produção de derivados, a partir do gás levantado para a rede F.G., gás líquido, nafta leve, nafta pesada, óleo branco, gasóleo leve, querosene e óleo preto.

4.6.1.1 Departamento de hidrogenação /1

É um dos departamentos importantes da secção de derivados ligeiros, que consiste em 1/ Unidade Formadora de Energia (P.F), 2/ Hidro_ tratamento de querosene. Os seus produtos são o óleo fino, a casa de máquinas, o combustível para aviões militares e civis.

I. Secção da formadora de potência (P.F)

Esta secção foi criada em 1959 com uma potência determinada de 5000 barris/dia e utiliza nafta pesada em bruto como material nutritivo. Este material passa por duas fases, a primeira é o reator de hidrogenação que o transforma em nafta pesada doce (SHN). A segunda fase, o Reformador de Melhoria da Gasolina, tem como objetivo aumentar o índice de octanas da nafta tratada (Reformado) para 92.

II.Secção de Hidro_ tratamento do querosene (KHT)

Foi criada em 1967 com uma potência determinada de 13000 barris/dia. Esta secção trata o querosene que vem das unidades de refinação em querosene hidrogenado. Este é utilizado como combustível doméstico. Esta secção também tem capacidade para produzir dois tipos de combustível para jactos, o Jet A_1 civil e o JP_S militar, de acordo com as qualificações europeias.

4.6.1.2 Departamento de hidrogenação /2

É um dos departamentos de processos operacionais mais complexos da Refinaria AL_Daura, ver fig. 4.7. Para além da diversidade dos seus produtos, que incluem gasolina premium, gás líquido, propano, solventes e combustíveis de avião.

I- Energia Ex- Secção 2/

> **Unidade de Hidro_tratamento de Nafta (HDT)**: Tem uma potência produtiva de 18000 barris/dia e trata a mistura de nafta leve e pesada (gama alargada), limpando-a de compostos de enxofre, oxigénio e azoto.

> **Transformador de gasolina Unidade 2/** : Aumento do índice de octano da nafta pesada tratada através de uma sequência de reacções químicas que se desenrolam em três reactores. A sua potência atinge 16000 barris/dia.

> **Unidade de produção de solventes**: produz solvente S.S. e combustível de avião através de um processo de separação da nafta leve produzida a partir da unidade de hidratação da nafta e de acordo com as normas de comercialização

II- Gás de petróleo liquefeito:

Esta unidade produz gás líquido que é utilizado para fins domésticos. É constituído por propano e butano através de uma sequência de operações de extração de gases de hidrocarbonetos leves, provenientes das unidades de produção, que são bombeados em tubo direto para a fábrica de gás onde é feito o embalamento. A potência produtiva da unidade atinge mais de 200 Toneladas/dia.

4.6.1.3 Unidades em construção:

I. Isomerização:

Esta unidade lida com o óleo leve de cadeia linear hidrogenado e converte-o em cadeia ramificada, cujo índice de octano é elevado e atinge 88, através de uma sequência de reacções químicas que ocorrem no reator de isómeros. A sua potência produtiva atinge 10 000 barris/dia, sendo esta unidade do tipo Penex_ DIH. Esta unidade foi adquirida à empresa americana UOP. As obras civis foram efectuadas por uma empresa iraquiana (Saed Iraqi Company). A instalação do equipamento foi efectuada por uma empresa italiana (Study Technology Project), estando o processo de instalação ainda em curso. Deste modo, os melhoradores químicos que eram adicionados aos depósitos de gasolina e que têm um efeito negativo no ambiente deixarão de ser utilizados.

II.Unidade de Reforma de Gasolina com Reformador Catalítico Contínuo (CCR):

Foi contratada com a UOP, uma empresa americana, para estabelecer uma Unidade de Reformador de Gasolina com uma potência que atinge os 10 000 Barris/Dia e uma Unidade de Hidrotratamento de Nafta que atinge os 13000 Barris/Dia. Esta unidade trata a Nafta Pesada Hidrotratada de baixo índice de octanas através de uma cadeia de reacções químicas em Reactores de baixa pressão e, pela existência de um reformador catalítico contínuo, converte-a em Nafta Pesada (Reformado) com elevado índice de octanas que atinge os 95. Esta unidade distingue-se pela existência de um sistema de reatividade contínua para obter uma elevada eficácia catalítica contínua.

4.6.2 Secção de óleo lubrificante

É composto por três ramos semelhantes no seu trabalho e as unidades que nele trabalham são as seguintes

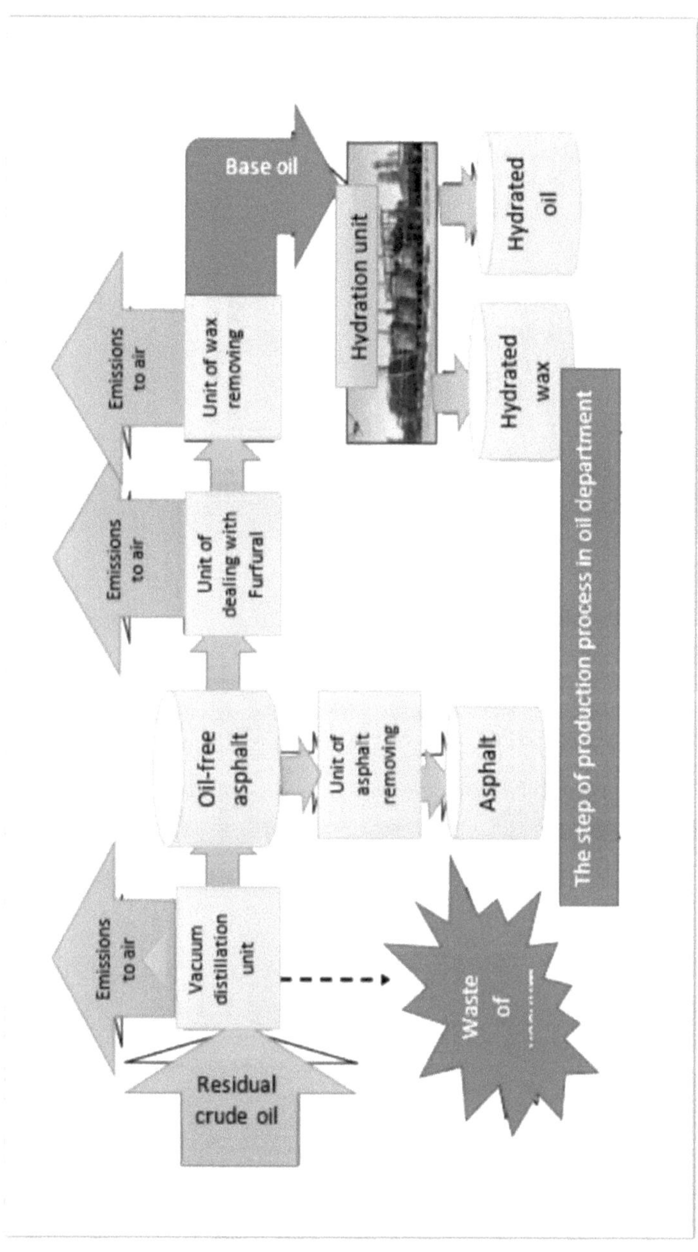

Figura 4.5 Etapa do processo de produção no departamento de petróleo da refinaria AL-Daura

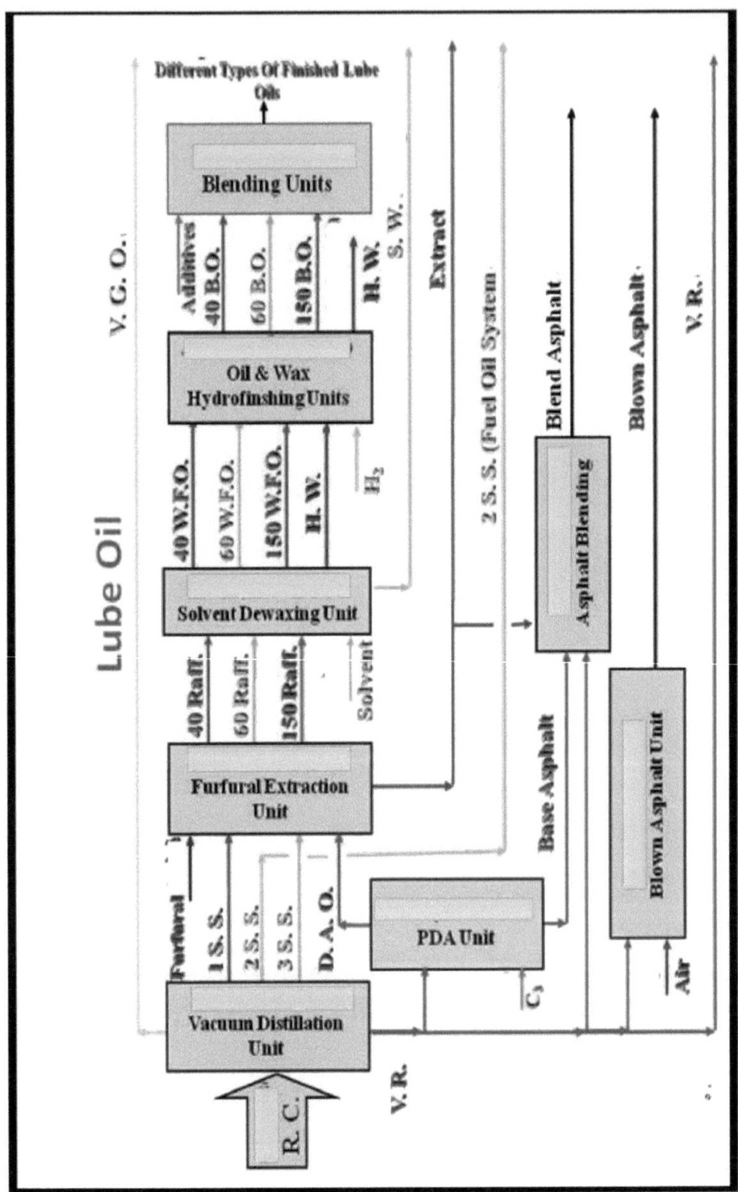

Figura 4.6 Secção de óleos lubrificantes da refinaria AL-Daura

Produz tipos de óleos de lubrificação de que as máquinas e os equipamentos móveis necessitam. Estão a ser produzidos oito tipos de óleos de base, a partir dos quais são produzidos mais de (100) tipos de óleos lubrificantes. A secção de óleo lubrificante é composta por três linhas de produção, óleo lubrificante (1), (2) e (3). Estão a ser adicionadas unidades de mistura e de embalagem, bem como a fábrica de massa lubrificante para verter cera e a unidade de produção de vaselina médica, como mostra a fig.4.9.

4.7 Poluentes da refinaria da AL-Daura:

4.7.1 Gases Poluentes

O processo de destilação e refinação de petróleo bruto necessita de utilizar uma grande quantidade de combustível para terminar o processo de refinação, e esta quantidade de combustível queimado resulta numa grande quantidade de emissões de gases tóxicos para a atmosfera.

4.7.2 Poluentes líquidos da refinaria de AL-Daura:

Ao acompanhar as operações de refinação, condensação e produção em curso na Refinaria, todas as pessoas e unidades lançam poluentes líquidos desde o início da receção do petróleo bruto até à saída dos produtos de maior densidade. Estes poluentes incluem o petróleo bruto, as águas poluentes, as matérias químicas, o querosene, a gasolina, o óleo lubrificante em todos os seus tipos, a cera e o asfalto... etc. A Refinaria dispõe de um sistema dc csgotos capaz de receber todos estes poluentes que são provenientes do departamento de águas industriais, de uma bacia específica para os transformar em água. Em seguida, enviar cada tipo de água, consoante o grau de densidade, para as suas unidades específicas. Assim, no final, a água tratada é descarregada no rio Tigre.

4.7.3 Poluentes sólidos da refinaria de AL-Daura:

Quantidades ilimitadas de produtos e materiais petrolíferos derramados nos solos de acordo com o processo de transporte de materiais ou produtos em bruto. Resultados das operações de tratamento de água com quantidades diárias de materiais sólidos precipitados com quantidades mensais. Estes resíduos sólidos estão a ser transportados para locais fora da refinaria depois de terem sido tratados com (material de hidróxido de cálcio) para reduzir as substâncias tóxicas neles contidas. Como a média diária destes materiais atinge cerca de 25 toneladas/dia, a refinaria pode retirá-los e reciclá-los de modo a obter um benefício económico, uma vez que contêm materiais de hidratos de carbono, metal e materiais sólidos.

A quantidade de resíduos resultantes da unidade de água industrial tratada após o tratamento com hidróxido de cálcio é de 1050 toneladas por mês. Trata-se de uma grande quantidade e a Refinaria deve encontrar locais para depositar esta quantidade de resíduos das operações produtivas de forma organizada e ambientalmente adequada.

Capítulo 5

Estudo de campo

5.1 Introdução

O principal objetivo deste estudo consiste em determinar a influência do processo de refinação do petróleo no ambiente, sendo utilizados dois métodos possíveis. O primeiro foi a ACV, que necessita de informações sobre o consumo de recursos, a energia e as emissões de poluentes. O segundo foi o estudo de campo, utilizando o formulário de questionário, como mostra a Fig. 5.1.

5.2 Recolha de dados

Os dados primários e os dados secundários são recolhidos conjuntamente na refinaria AL-Daura e na empresa de refinação Middle Euphrates.

- **Os dados primários** são recolhidos através de uma entrevista com o pessoal que trabalha na refinaria AL-Daura, os directores dos diferentes departamentos da refinaria, os empregados, os operadores e os trabalhadores. Foram utilizados dois tipos de formulários, o primeiro para recolher os principais dados sobre a refinaria (ver figura 5.2) e o segundo foi um questionário para avaliar o impacto da refinaria (ver figura 5.8).

-**Os dados secundários** são recolhidos da literatura, registos, relatórios e pesquisas.

5.3 Atribuição de emissões

As emissões para o ambiente devem ser distribuídas entre produtos em situações em que existem muitos rendimentos. Esta repartição é designada por atribuição de emissões. Existem três estratégias principais para a atribuição das emissões de gasolina refinada: atribuição de massa, atribuição de energia e atribuição económica. A atribuição de massa é o tipo de atribuição mais simples e é feita isolando as emissões pela quantidade de massa física dos produtos. Isto pressupõe que todos os produtos têm uma quantidade de emissões equivalente por unidade produzida. Isto não tem em consideração os procedimentos envolvidos nem o trabalho potencial que cada combustível ou rendimento pode produzir. No caso da refinaria, seria atribuída à nafta, que não necessita de qualquer outro tratamento, uma quantidade de emissões equivalente à da gasolina. A atribuição de energia adopta a ideia de que as emissões podem ser repartidas pelo conteúdo energético dos produtos. Esta pode ser uma boa abordagem para separar as emissões quando os rendimentos são claros e os procedimentos são conhecidos, mas não reflectem essencialmente os pormenores económicos da produção destes produtos. A atribuição de energia também é útil para atribuir emissões a rendimentos não energéticos. A atribuição económica é uma repartição das emissões em função do preço de mercado dos produtos. Isto é feito quando o principal objetivo é reconhecer quais os produtos que estão a impulsionar o requisito para a produção. No caso das refinarias de petróleo, os principais factores de produção não seriam um produto como o betume ou a nafta, uma vez que não são eles que geram o maior rendimento. Em vez disso, a gasolina ou o gasóleo, que têm o custo económico máximo indicado pelo valor de mercado, são os combustíveis que impulsionam a criação, **{Reyn, 2012}** a atribuição de massa é selecionada para a atribuição de emissões neste estudo .

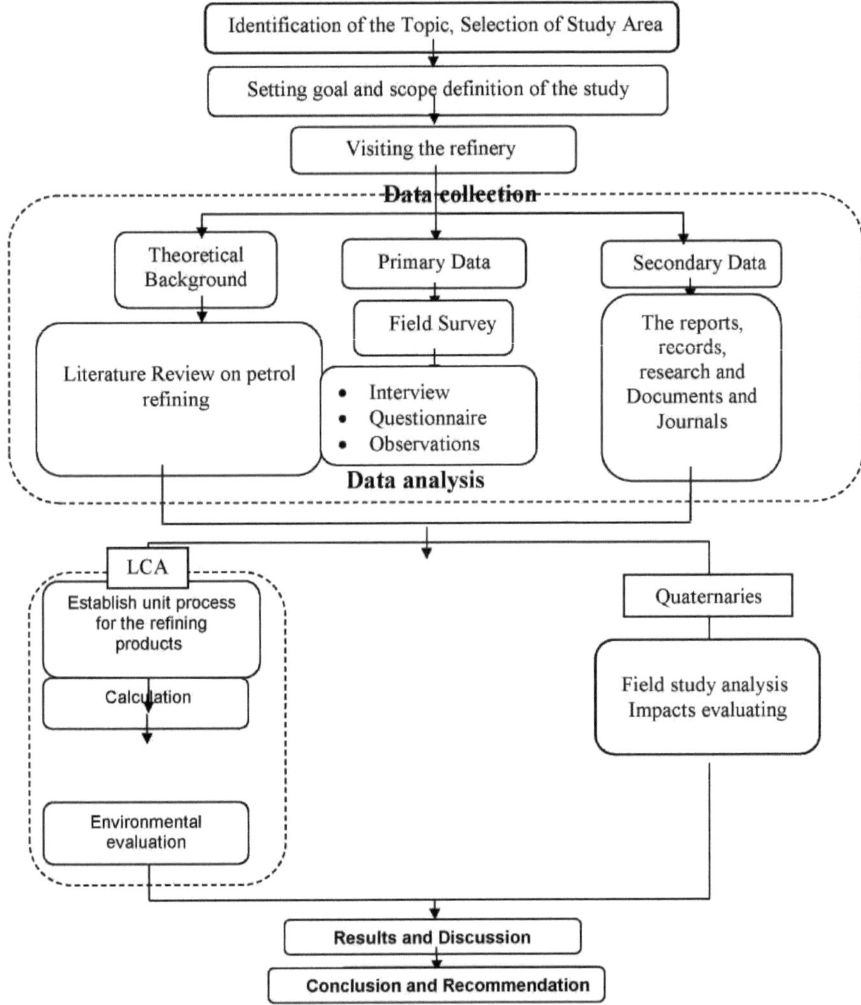

Figura 5.1 Metodologia

General Information

- Refinery name: ----------------------------------
- Activate type (1) Non private : -----------------------
  (2) Private: -----------------------------
  (3) Both: --------------------------
- Activity owner :--------------------------
- Site of activity (1)governorate: -------------------------
  (2) District: ---------------------------
  (3) Sub district: ------------------------
- The activity lies in (1)popular residence : --------------------------
  (2) Industrial zone: ----------------------------
  (3) Commercial zone: ----------------------------
  (4) Agricultural zone: ----------------------------
- Date of construction: ----------------------------
- Design capacity : -------------------------------- (mention the units)
- Working capacity : --------------------- (mention the units)
- Type of products :____________________
- The percent % of each refining product
- Type of fuel used
- Quantity of fuel used: -------------- (mention the units)
- Electrical consumption :------------------(mention the units)
- Number of working shift:-----------------------------
- Number of working hours for each shift:--------------------------

Figura 5.2 Formulário de informações gerais

- Diagram to illustrate the process of refining :

- The material used :

No	Material	Quantity (mention the units)
1	Crude oil	
2	Water	
3	PDC	
4	DMDS	
5	Caustic soda	
6	Fuel oil	
7	Gas oil	

- Type of emissions
- Kind of air emissions
- Quantity of air emissions
- Quantity of water emissions
- Type of emission to water and quantity of each type
- Quantity of Sludge result from processing of industrial water

Figura 5.2 continuação

5.4 Método de avaliação do ciclo de vida

5.4.1 Introdução

Esta técnica é utilizada para a avaliação dos indicadores ambientais. A matéria-prima, a utilização de energia, as emissões para a atmosfera e as emissões para a água são analisadas e comparadas entre nove produtos de refinação. A emissão para o solo não é estudada. Estas emissões provêm dos tanques de armazenamento e do processo de transporte. Não existe informação disponível sobre as emissões para o solo. As matérias-primas, as emissões para a água, as emissões para a atmosfera e as entradas e saídas de energia são calculadas em termos de metro cúbico de produtos refinados. As etapas da ACV são apresentadas de seguida:

5.4.2 Estabelecimento do objetivo e definição do âmbito do estudo de avaliação do ciclo de vida

1. Definição do objetivo: O objetivo deste estudo é analisar e avaliar os impactos ecológicos da refinação de petróleo na refinaria AL - Daura.

2. Definição do âmbito: A definição do âmbito do estudo de avaliação do ciclo de vida é descrita como se segue:

a. Objetivo

O objetivo deste estudo é avaliar 1 metro cúbico de produto de refinação resultante da refinaria AL -Daura.

A unidade funcional deste estudo é 1 metro cúbico de produto de refinação. A unidade funcional é comparada entre vários produtos.

b. Critérios de avaliação

O quadro 5.1 apresenta os critérios de avaliação em termos de impacto ambiental e de recursos utilizados.

Quadro 5.1 Critérios de avaliação do estudo

Level	Environment	Resources
Global	Global warming	Fuel e.g. oil, coal and natural gas
Regional	Acidification Nutrient enrichment	
Local	Human toxicity	Biomass e.g. sludge

Ao realizar uma AICV, é vital considerar a forma como os resultados do inventário do ciclo de vida afectam o ambiente {Aida, **2009**}.

Impactos globais

i. Aquecimento global

S Derretimento polar,

S perda de humidade do solo,

- estações mais longas,
-perda/alteração de florestas,
-alterações nos padrões dos ventos e dos oceanos

ii . Destruição da camada de ozono

-Aumento da radiação ultravioleta

iii Esgotamento de recursos

-Diminuição dos recursos para as gerações futuras

2- Impactos regionais

i. Smog fotoquímico

-Smog

-diminuição da visibilidade

-Irritação **ocular**

-irritação do trato **respiratório** e dos pulmões

-e danos na vegetação

11. Acidificação

-Corrosão **do edifício**,

- acidificação das massas de água,

- efeitos na vegetação e no solo

3- Impactos locais

i. Saúde humana

- Aumento da morbilidade e da mortalidade

ii. Toxicidade terrestre

- Diminuição da produção e da biodiversidade,

- diminuição das populações de animais selvagens

iii. Toxicidade aquática

- Diminuição da produção de plantas aquáticas e de insectos,

- diminuição da biodiversidade,

- diminuição das populações de peixes

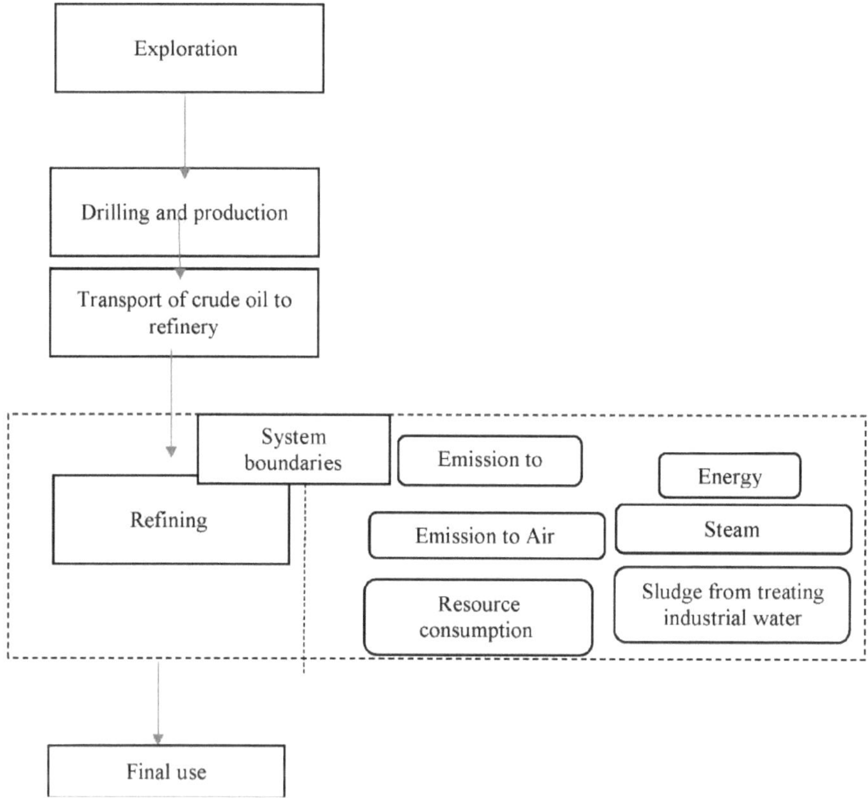

Figura 5.3: Fronteiras do sistema de refinação de petróleo

5.4.3 Etapas das avaliações do ciclo de vida (ACV)

5.4.3.1 Análise do inventário

O inventário de seleção inclui dois grupos de emissões, o primeiro é a emissão para o ar: (N0x, H2O, SOX e CO2), enquanto os outros critérios de poluentes estão relacionados com a água (CBO, CQO, SO4, PO4, ÓLEO, Fenol, Zn, CL, SS, TDS, S). Também são recolhidas informações sobre os materiais e a energia necessários, como a água e a eletricidade. Como se pode ver no quadro 5.2, os dados sobre a energia e os materiais ligados às instalações de produção por tipo de combustível e o inventário de emissões referem-se ao ano de funcionamento de 2015, utilizado como ano de referência para este estudo.

Tabela 5.2 Análise de inventário (entradas) de produtos de refinação de petróleo

Products / Inventory	Gasoline	Kerosene	Diesel	Naphtha
		✓ **Resource use:**		
Water	1.04133 kg	1.17485 kg	1.27465 kg	1.02668 kg
Crude oil	710 kg	801 m3	870 kg	700 kg
		✓ **Materials**		
DMDS	0.000011618 kg	0.0000085219Kg	0.00001422kg	0.000011455 Kg
PDC	0.000608329 kg	0.000686326 kg	0.00074463 kg	0.00059978 kg
Sodium hydroxide	0.0000068547kg	0.0000077336 kg	0.000008391Kg	0.00000675829kg
F.O	2.31312 Kg	2.65755 kg	2.68042 Kg	2.15899 kg
F.G	20626.648 Kg	8670.1990 Kg	4.32737 kg	11549.1822 kg
		✓ **Energy uses**		
Electricity	15.2721 KWh	17.23021 KWh	18.69383 KWh	15.05722 KWh
Steam	432.7964kg	488.2874 kg	529.765 kg	426.7069 kg
		✓ **Emission to air**		
Carbon dioxide	0.129362 kg	0.146123 kg	0.158345 kg	0.127542 kg
Nitrogen oxide	0.0008054kg	0.0009097kg	0.00098582kg	0.0007940kg
Sulfur dioxide	0.0028674 kg	0.0032350 kg	0.0035098 kg	0.00282703 kg
Water	0.07244 kg	0.0781727 kg	0.0886696 kg	0.07142 kg
		✓ **Emission to water**		
BOD	0.00046198 kg	0.00052086 kg	0.00056667 kg	0.0004553 kg
COD	0.002336 kg	0.0026356 kg	0.0028570 kg	0.002021 kg
SO4	0.0214 kg	0.05610 kg	0.025875 kg	0.02084 kg
CL	0.02913 kg	0.03287 kg	0.03566 kg	0.0287 kg
PO4	0.0000047712 kg	0.0000053943 kg	0.000005860 kg	0.000004713 kg

OIL	0.00005925 kg	0.000910298 kg	0.000072969 kg	0.000058633 kg
TDS	0.06807 kg	0.07680 kg	0.083319 kg	0.067119 kg
S	0.00000108 kg	0.000001222 kg	0.00000132428 kg	0.000001069 kg
Ss	0.0014387 kg	0.00162336 kg	0.0017589 kg	0.00141658 kg
Phenol	0.00000143 kg	0.00000161 kg	0.000017404kg	0.00000103 kg
Zn	0.00006042 kg	0.000053184 kg	0.00005739 kg	0.00046471 kg
✓ **Sludge**	1.4441*10-3	1.6293*10-3	1.76770*10-3	1.42382*10-3

Continuação do quadro 5.2

Products / **Inventory**	**LPG**	**Jet fuel**	**Fuel oil**	**Others petroleum products**
		✓ **Resource use:**		
Water	0.8128 kg	1.05757 kg	1.31987 kg	143711 kg
Crude oil	554 kg	720 kg	900 kg	980 kg
		✓ **Materials**		
DMDS	0.0000090689 Kg	0.000011799Kg	0.000014726 Kg	0.000016034 kg
PDC	0.00047485 Kg	0.00617855 Kg	0.00077105 Kg	0.00083953 kg
Sodium hydroxide	0.000005351 kg	0.000006962 kg	0.0000086883 kg	0.00000946 kg
F.O	1.70931 Kg	2.22395 Kg	2.77553 kg	3.022066 kg
F.G	2.759557 kg	7804.5278 kg	4.48091 kg	4.878917 Kg
		✓ **Energy uses**		
Electricity	11.29103 KWh	15.51026 KWh	19.35711KWh	21.07646 KWh
Steam	337.8303 kg	443.1635 kg	584.5616 kg	597.2865 kg
		✓ **Emission to air**		
Carbon dioxide	0.100977 kg	0.131379 kg	0.163964 kg	0.178524 kg
Nitrogen oxide	0.0061047kg	0.00081794kg	0.0010208 kg	0.00111467kg
Sulfur dioxide	0.002238 kg	0.0029121 kg	0.0036343 kg	0.00395715 kg

Water	0.0565 kg	0.073569 kg	0.091816 kg	0.099971 kg
✓ **Emission to water**				
BOD	0.00036002 kg	0.00047038 kg	0.00058536 kg	0.000637687kg
COD	0.0018231 kg	0.0023723 kg	0.0024878 kg	0.0032234 kg
SO4	0.01650 kg	0.02147 kg	0.02679 kg	0.02877 kg
CL	0.02274 kg	0.02959 kg	0.03692 kg	0.0402 kg
PO4	0.0000037325 kg	0.000013144 kg	0.0000060714kg	0.0000660986kg
OIL	0.0004646 kg	5.97E-05	0.000075418 kg	0.00008241kg
TDS	0.053134 kg	0.06913 kg	0.08628 kg	0.09394 kg
S	0.0000084436 kg	0.0000109913 kg	0.00000137123 kg 0.0018238 kg	0.0000014957kg
Ss	0.00112335 kg	0.0014602 kg	0.000001804kg	0.0019855 kg
Phenol	0.000001114kg	0.000001445kg	0.000597337 kg	0000019614kg
Zn	0.0003696 kg	0.00047818 kg		0.00065023 kg
✓ **Sludge**	$1.12726*10^{-3}$	$1.46666*10^{-3}$	$1.83042*10^{-3}$	$1.993007*10^{-3}$

5.4.3.2 Avaliação do impacto

O software Simapro7.1.8 é utilizado para avaliar os potenciais impactes que acompanham esta indústria ao longo do seu ciclo de vida. O método escolhido para a análise deste caso é o Impact 2002+ sugerido por Jolliet et al., (2003). (Fig.5.4) descreve os passos seguidos para avaliar os impactes ambientais através do método Impact 2002+, o primeiro passo é categorizar os contaminantes em categorias de impacte de unidades equivalentes utilizando factores de caraterização particulares relacionados com cada material. Depois de tratar os materiais contaminantes do inventário em unidades equivalentes, estes são adicionados e categorizados por categorias de impacte, como se mostra na Fig. 5.5.

A segunda fase desta metodologia consiste na alteração das categorias de impacto nas últimas categorias através da utilização de factores de destino definidos por Jolliet et al. (2003), pelo que o impacto ecológico é convertido em quatro categorias de danos de impacto latente: "Saúde Humana", "Qualidade do Ecossistema", "Alterações Climáticas" e "Depleção de Recursos", como mostra a Fig. 5.6. A última etapa do impacto ecológico consiste em transformar as categorias anteriores reconhecidas na segunda etapa num único indicador identificado como "Pontuação Única", de acordo com os factores de normalização sugeridos por Jolliet et al. (2003), como mostra a Fig. 5.7. Este indicador é expresso em unidades de pontos (Pt), que mostram o número possível de pessoas afectadas pelos impactos ecológicos tidos em conta durante um ano (Jolliet et al., 2003).

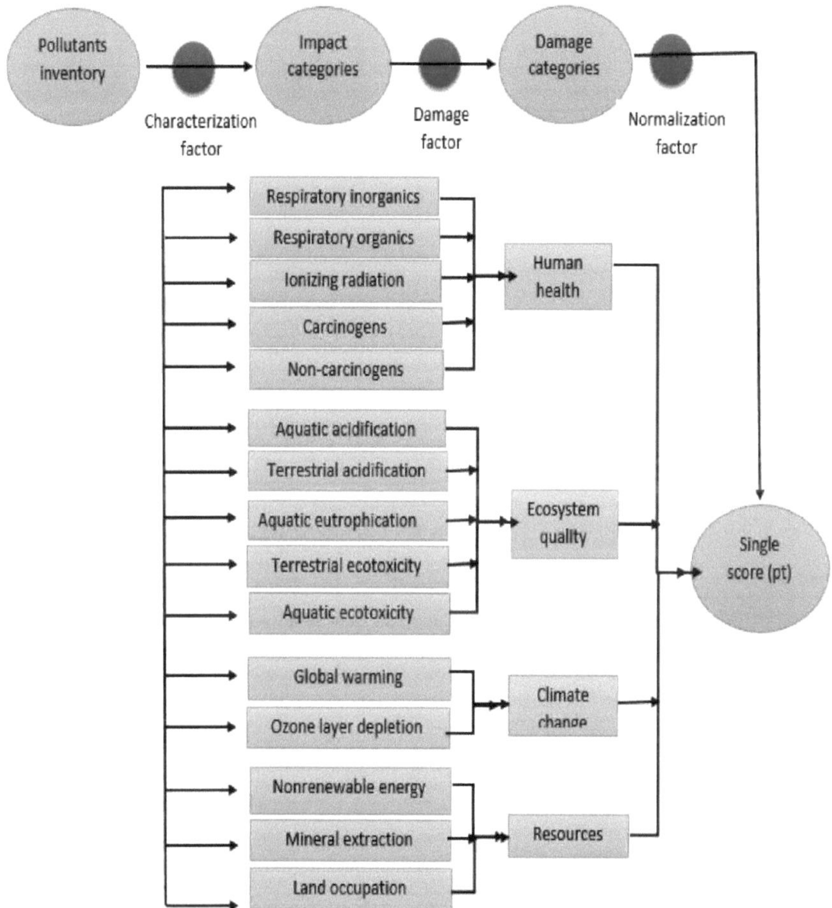

Figura 5.4 Etapas da avaliação do impacto ambiental segundo o método Impact 2002+ **{writer}**

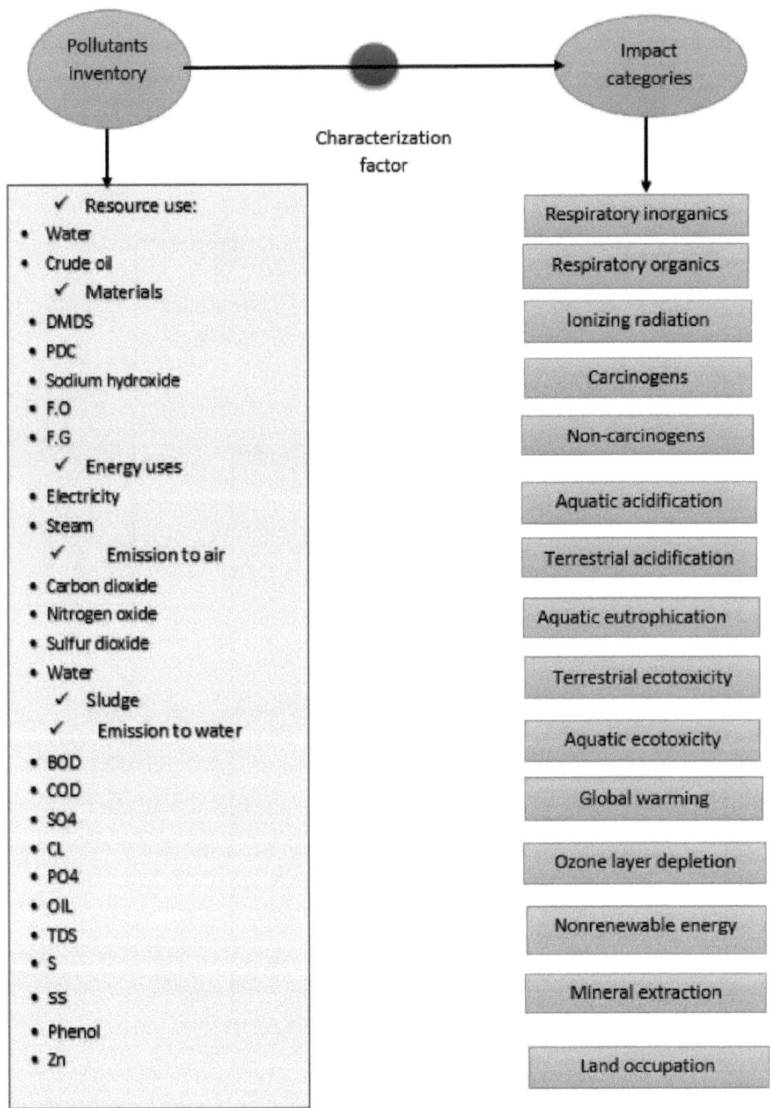

Figura 5.5 etapa de caraterização da avaliação do impacto ambiental segundo o método Impact 2002+ **{writer}**

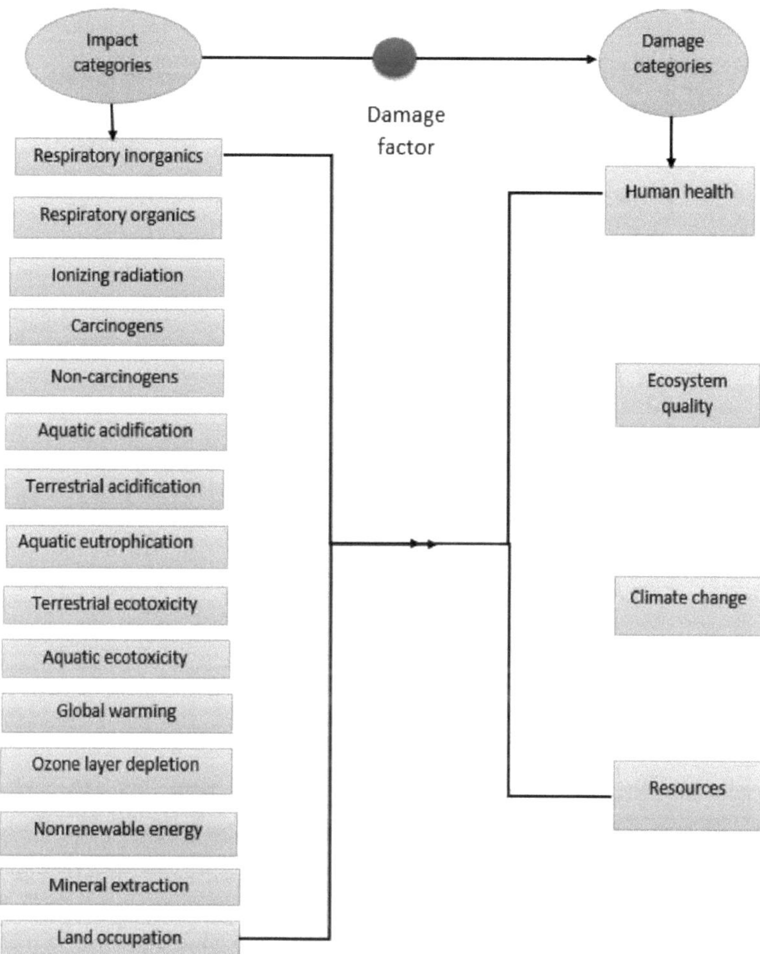

Figura 5.6 Alteração das categorias de impacto para quatro categorias de danos como uma etapa da avaliação do impacto ambiental de acordo com o método Impact 2002+ **{writer}**

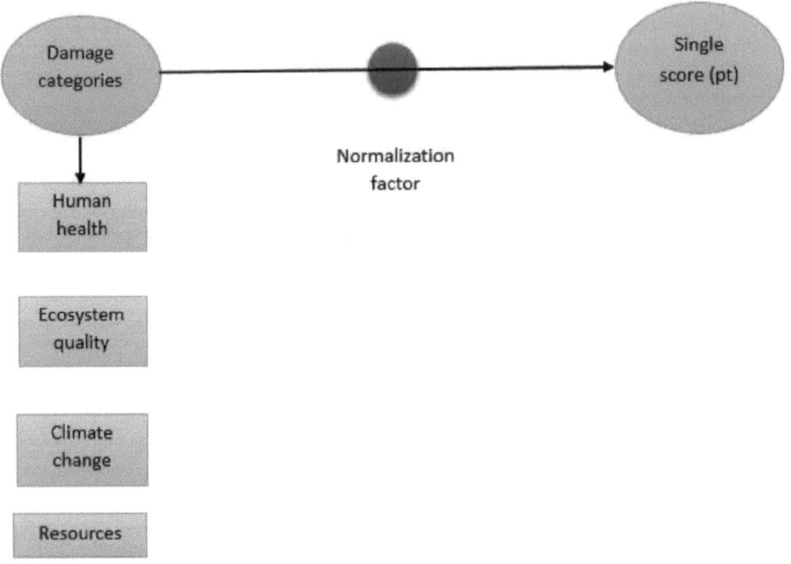

Figura 5.7 Etapa de normalização para a avaliação do impacte ambiental de acordo com o método Impact 2002+ **{writer}**

- Caracterização

Para cada substância existe uma contribuição relativa para uma categoria de impacto, sendo esta contribuição calculada multiplicando a substância pelo seu fator de caraterização. Por exemplo, o CO_2 tem um fator de caraterização igual a 1 na categoria de impacto das alterações climáticas, enquanto o metano tem um fator de caraterização de 21. Isto significa que se 1 kg de metano for libertado para a atmosfera contribuirá para a mesma quantidade de alterações climáticas que 21 kg de CO_2, **{Sahar, 2013}.**

$EP(j)_i = Q_i \times EF(j)_i$ ....Eq. 5.1

EP : Potenciais impactos ambientais

Q : Quantidade de substância (unidade de volume ou unidade de massa)

EF : Fator de equivalência da substância

(j) : Categoria de impacto ambiental

(i) : Emissão da substância

- Normalização

Esta etapa dá uma ideia do montante relativo do potencial impacto ambiental e apresenta o resultado de uma forma adequada para a última etapa de ponderação e tomada de decisões **{Sahar, 2013}**.

$$NEP(j) = EP(j)\,\frac{1}{T.ER(j)} \text{............Eq. 5.2}$$

NEP: os potenciais de impacto ambiental normalizados.
EP: os potenciais de impacto ambiental.
ER : a referência de normalização da categoria de impacto para uma zona específica.
T : tempo da unidade funcional.

O fator de equivalência de cada impacto é calculado com as quantidades de substâncias. O fator de equivalência é um fator que indica o número de vezes que os efeitos ambientais são comparados com a substância de referência em cada impacto ambiental. A normalização é um escalonamento relativo dos potenciais de impacto do produto e dos consumos de recursos através de cada um deles com uma referência. Dentro desta compreensão de normalização, a consistência de escalas temporais' especificada na ISO 14042 recomenda que um valor de normalização que se identifique com o

O quadro de referência selecionado pode ser favorecido, ou seja, a consistência temporal implica que o ano de referência deve ser significativo no que diz respeito ao estudo (por exemplo, um ano de referência de 1950 seria insuficiente para uma ACV atual em vez do ano 2000), **{PRE Consultant, 2008}.**

- Ponderação

Esta fase destina-se a regular quais os impactos ecológicos e a utilização dos recursos o mais dominante **{Sahar, 2013}**.

$$WEP(j) = WF(j) \times NEP(j)$$

$$WEP(j) = \frac{ER(j)}{ER(j)2000} \times \frac{EP(j)}{ER(j)} \times \frac{1}{T}$$

$$WEP(j) = \frac{EP(j)}{ER(j)2000} \times \frac{1}{T} \text{............Eq. 5.3}$$

WEP: O potencial de impacto ambiental ponderado

ER: O potencial de impacto ambiental do objetivo no ano 2000.

5.4.3.3 Interpretação

É gerada uma tabela completa de todos os dados e resultados utilizados, bem como diferentes representações gráficas do resultado.

5.5 Questionários fechados:

5.5.1 Introdução:

O objetivo deste questionário é recolher factos e informações sobre os vários aspectos relacionados com o tema de pesquisa, de uma forma e metodologia científicas,

5.5.2 A preparação do questionário:

O estudo de campo requer a conceção de um questionário que vá ao encontro dos objectivos da investigação e que se baseie nos conceitos teóricos que estiveram dependentes da construção do enquadramento teórico da investigação, através dos indicadores que foram alcançados no estudo teórico. As questões necessárias para este formulário são seleccionadas de forma a serem adequadas à natureza do estudo.

A forma interrogativa levantou questões que se relacionavam entre si de uma forma que satisfazia o objetivo principal da investigação.

5.5.3 Conceito de Amostra e Seleção das Amostras de Estudo:

A amostra é um conjunto de pontos de vista escolhidos de alguma forma na sociedade, e o estudo da sociedade como um todo (inquérito social) pode ser difícil ou exigir tempo e esforço, pelo que foi substituído por um estudo da amostra intencional (doentes) e das suas características, de modo a podermos concluir as propriedades da comunidade original. O formulário dos questionários foi distribuído à amostra selecionada de trabalhadores da unidade de produção da refinaria AL-Daura.

Questionnaire form

- A special questionnaire for working inside refinery.

- This form has been prepared for the purposes of scientific research, where the researcher master student to prepare a study to know if it true there is due to the effect inside refinery. On the inside and working knowledge of the units responsible for this effect, we want your cooperation with us to answer the questions contained therein and without mentioning the name, with the sincere thanks and appreciation.

1. Personal information

Age ☐ gender ☐ organization name ☐

Profession with refinery ☐

2. Have you ever suffered or one of your family members of the symptoms related to the emission of the smoke raids and issued by the liquidator.

- Yes - No

3. Which of these disease ailments afflicting you because of the gases?

- Digestive disease
- Respiratory system disease
- Nervous system disease
- Eyes illnesses
- Allergies
- Cancerous disease

4. Are there any unpleasant odors resulting from refiner

- Yes - No

5. Are there measures ease the impact of gas on workers (equipment and protective)?

- Yes - No

Figura 5.8 Formulário dos questionários modificado de **{Adel, 2012}**

6. The noise level of the refinery is it ?

- Unusual level
- Medium level
- High level

7. Do you think the noise cause in ?

- Nervous tension
- Hypertension
- Headache
- Nausea

8. Do you suffer from disease ?

- Mild cough
- Acute cough
- Vomiting
- Shortness of breath
- Eye infection
- Blood pressure
- Phlegm
- Altergic rhinitis
- Sensitive skin

9. What suggestion to minimize the impacts inside the refinery ?

- Mention it

Figura 5.8 continuação

Capítulo 6

Resultados e discussões

Neste estudo, os resultados são classificados em duas secções, a Avaliação do Ciclo de Vida e o Questionário Fechado distribuído a uma amostra intencional de trabalhadores da refinaria AL-Daura.

6.1 Avaliação do ciclo de vida:

São definidos os materiais utilizados, a energia, os recursos naturais e as emissões para a atmosfera e para a água. Estes dados representam os inventários da indústria de refinação. Estes inventários são quantificados nas unidades funcionais correspondentes a 1 metro cúbico de produtos petrolíferos.

As entradas consistem em recursos - água e petróleo bruto para o processo de refinação, material (água, fuelóleo e gasóleo) para a produção de vapor e eletricidade, (PDC, DMDS e hidróxido de sódio) para fins de produção.

As emissões do processo de refinação podem ser classificadas em dois grupos principais: emissões para a atmosfera - CO_{χ}, SO_{χ}, H_2O e NO_{χ} - que provêm do processo de refinação, especialmente do processo de produção de eletricidade e vapor.

Emissões para a água - CBO, CQO, SO4, CL, ÓLEO, TDS, S, SS e Fenol. Estas eram as características das águas residuais (águas residuais industriais).

O método Impact 2002+ é conhecido como uma abordagem de ponto médio/dano à ACV. Uma descrição definida pelo utilizador das matérias-primas, emissões e utilizações de energia associadas a um determinado processo é introduzida no Simapro7. O Impact 2002+ quantifica então os impactos destas etapas em termos de catorze categorias de impacto ambiental. As catorze categorias estão também agrupadas em quatro categorias de danos, incluindo a saúde humana, a qualidade do ecossistema, as alterações climáticas e os recursos.

As catorze categorias de impacto ambiental ou de ponto intermédio do IMPACT2002+ são a toxicidade humana (carcinogéneos e não carcinogéneos), os efeitos respiratórios, as radiações ionizantes, a destruição da camada de ozono, a oxidação fotoquímica, a ecotoxicidade aquática, a ecotoxicidade terrestre, a acidificação/nitrificação terrestre, a acidificação aquática, a eutrofização aquática, a ocupação do solo, o aquecimento global, as energias não renováveis e a extração de minerais. As categorias de danos são a saúde humana, a qualidade do ecossistema, as alterações climáticas e os recursos. A Figura 6.1 mostra a ligação dos resultados do

ICV através das categorias de ponto intermédio às categorias de danos. Esta figura mostra claramente que existe uma sobreposição entre as categorias ICM, categorias de impacto e categorias de danos, pelo que o impacto e os danos de a gasolina era superior ao querosene.

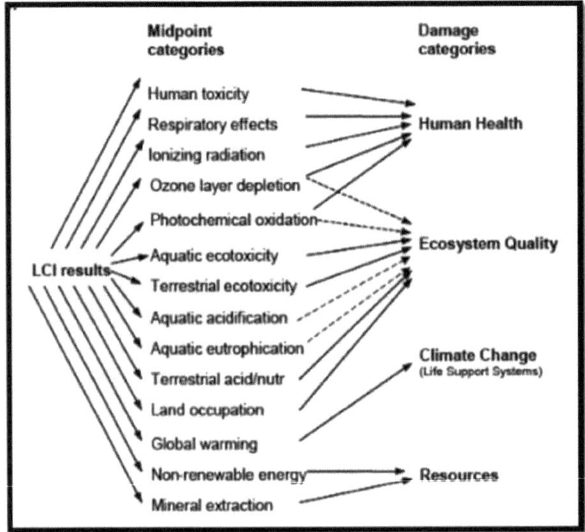

Figura 6.1 Esquema geral do Quadro de Referência do Impacto 2002+, ligando os resultados do ICM através das categorias de ponto médio às categorias de danos. Baseado em Jolliet et al. (2003a) **{PRe Consultants, 2007}**

6.1.1 A pontuação única em termos de categorias de impacto (pontos médios) da refinaria AL-Daura:

A Figura 6.2 mostra a pontuação única em termos de categorias de impacto da refinaria AL-Daura.

Verifica-se que os maiores impactes ambientais potenciais são os da energia não renovável, inorgânico respiratório e aquecimento global, contribuindo para os nove produtos. Como mostra a figura 6.1, o impacto da gasolina foi o mais afetado, seguido da nafta, do querosene e do combustível para aviação.

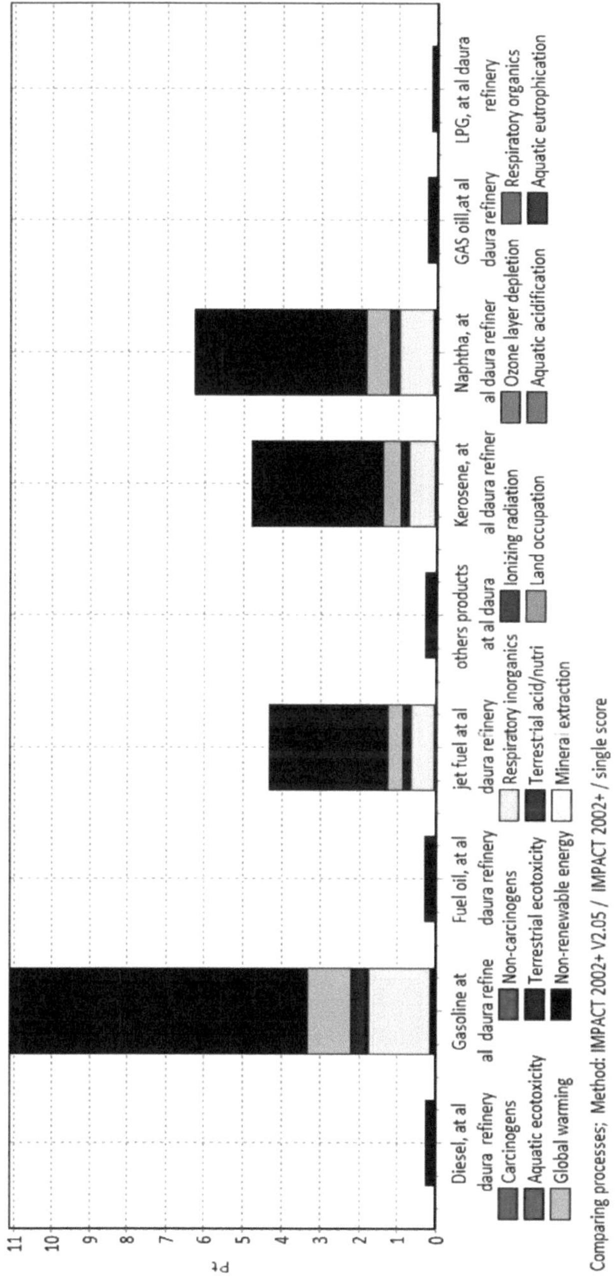

Figura 6.2 Pontuação única em termos de categorias de impacto da refinaria de Al-Daura.

Quadro 6.1 Pontuação única em termos de categorias de impacto da refinaria AL-Daura

Impact category	Unit	diesel, at al daura refinery	Gasoline at daura refinery	Fuel oil, at al daura refinery	jet fuel at al daura refinery	others products at al daura refinery	Kerosene, at al daura refinery	Naphtha, at al daura refinery	GAS oill,at al daura refinery	LPG, at al daura refinery
Total	Pt	0.300302	11.09088	0.312856	4.351348	0.338195	4.834182	6.313549	0.293335	0.191243
Carcinogens	Pt	0.000457	0.050733	0.000503	0.019431	0.000516	0.021584	0.028561	0.000447	0.000291
Non-carcinogens	Pt	0.000111	0.058357	0.00012	0.022133	0.000125	0.024587	0.032709	0.000108	7.04E-05
Respiratory inorganics	Pt	0.005609	1.629976	0.006102	0.619506	0.006291	0.688199	0.914478	0.005457	0.003621
Ionizing radiation	Pt	7.77E-06	0.004183	8.43E-06	0.001586	8.8E-06	0.001762	0.002345	7.63E-06	4.93E-06
Ozone layer depletion	Pt	3.23E-06	0.001444	3.52E-06	0.000548	3.63E-06	0.000609	0.00081	3.15E-06	2.05E-06
Respiratory organics	Pt	9.7E-06	0.005267	1.05E-05	0.001998	1.09E-05	0.002219	0.002952	9.47E-06	6.16E-06
Aquatic ecotoxicity	Pt	2.37E-05	0.010761	2.85E-05	0.004085	2.96E-05	0.004536	0.006035	2.28E-05	1.68E-05
Terrestrial ecotoxicity	Pt	0.000549	0.368729	0.000593	0.139764	0.000617	0.155266	0.20662	0.000535	0.000348

Terrestrial acid/nutria	Pt	7.73E-05	0.023441	8.41E-05	0.008908	8.68E-05	0.009895	0.01315	7.53E-05	5.12E-05
Land occupation	Pt	7.06E-06	0.005373	7.62E-06	0.002036	8.14E-06	0.002262	0.00301	7.06E-06	4.48E-06
Aquatic acidification	Pt	-	-	-	-	-	-	-	-	-
Aquatic eutrophication	Pt	-	-	-	-	-	-	-	-	-
Global warming	Pt	0.013409	1.161532	0.014707	0.446427	0.015078	0.495859	0.65494	0.01308	0.008519
Non-renewable energy	Pt	0.280038	7.770752	0.290687	3.084803	0.31542	3.427264	4.447754	0.273581	0.178306
Mineral extraction	Pt	7.96E-07	0.00033	8.68E-07	0.000125	9.05E-07	0.000139	0.000185	7.85E-07	5.06E-07

6.1.2 Pontuação única em termos de categorias de danos da refinaria AL-Daura:

As categorias de danos são também analisadas pelo IMPACT 2002+. Foram apontadas quatro categorias de danos: Saúde humana, Qualidade do ecossistema, Alterações climáticas e Recursos. Ver quadro 6.2. Também a figura 6.3 mostra a pontuação única em termos de categorias de danos da refinaria AL-Daura.

A Figura 6.3 mostra que os danos ambientais à saúde humana, aos recursos e às alterações climáticas foram muito mais importantes do que os danos à qualidade dos ecossistemas. Os danos totais da gasolina foram iguais a (11,09088 Pt), nafta (6,313549 Pt), querosene (4,834182 Pt), combustível para jactos (4,351348 Pt), outros produtos (0,338195 Pt), fuelóleo (0,312856 Pt), gasóleo (0,300302 Pt), gasóleo (0,293335 Pt) e GPL (0,191243 Pt). Os outros pormenores dos resultados são apresentados na tabela 6.2. O total das categorias de danos de refinação foi o seguinte Saúde humana (4,165908 Pt), qualidade do ecossistema (0,967044 Pt), recursos (2,823553 Pt) e alterações climáticas (20,06939 Pt).

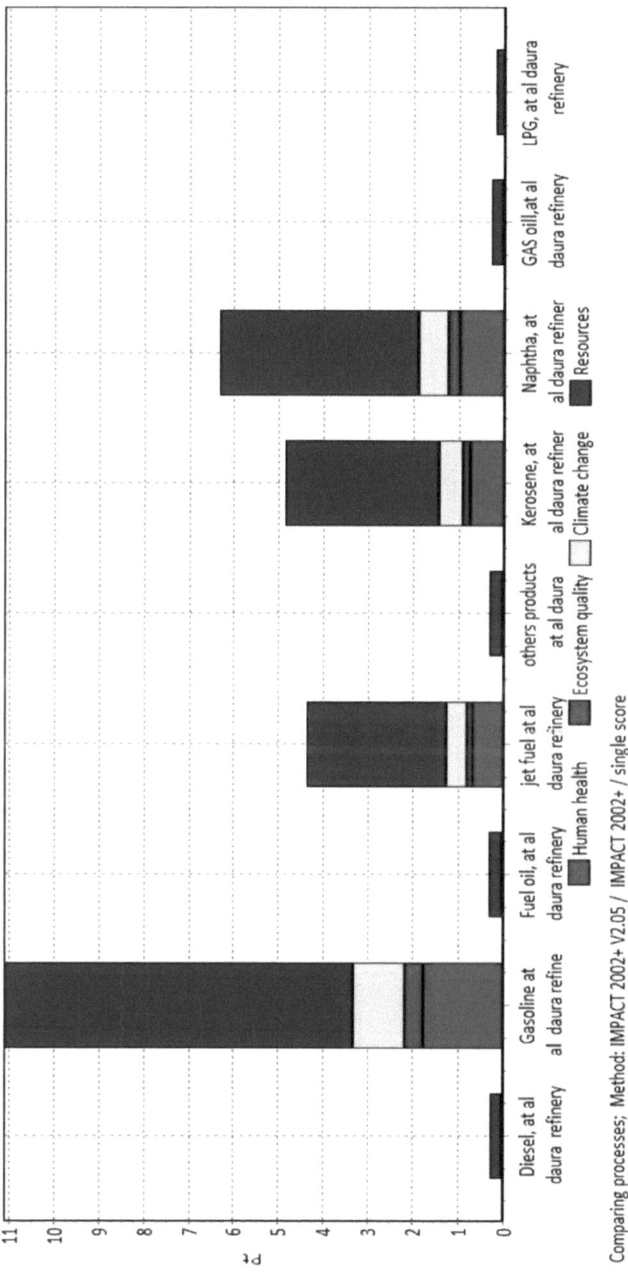

Figura 6.3 Pontuação única em dez categorias de danos

Quadro 6.2 Pontuação única em termos de categorias de danos

Damage category	Unit	Diesel, at al daura refinery	Gasoline at al daura refinery	Fuel oil, at al daura refinery	jet fuel at al daura refinery	others products at al daura refinery	Kerosene, at al daura refinery	Naphtha, at al daura refinery	LPG, at al daura refinery	GAS oill,at al daura refinery
Total	Pt	0.300302	11.09088	0.312856	4.351348	0.338195	4.834182	6.313549	0.191243	0.293335
Resources	Pt	0.280038	7.771082	0.290688	3.084928	0.31542	3.427403	4.447938	0.178307	0.273581
Climate change	Pt	0.013409	1.161532	0.014707	0.446427	0.015078	0.495859	0.65494	0.008519	0.01308
Ecosystem quality	Pt	0.000657	0.408304	0.000714	0.154792	0.000742	0.171959	0.228815	0.000421	0.00064
Human health	Pt	0.006198	1.749961	0.006748	0.665201	0.006955	0.73896	0.981855	0.003996	0.006033

6.1.3 Análise da contribuição

A análise da contribuição é uma ferramenta importante utilizada para compreender a incerteza dos resultados. Esta análise ajuda a determinar o processo que desempenha um papel significativo no seu resultado. Frequentemente, uma ACV é composta por centenas de processos diferentes, mas, de facto, 95-99% dos resultados estão relacionados com apenas dez processos, pelo que, ao utilizar a análise da contribuição, podemos concentrar a nossa atenção nestes processos.

As formas de análise da contribuição no SimaPro foram as duas seguintes:

1. Secção "Análise da contribuição" do ecrã de resultados, ver quadros (6.3 a 6.9).

2. Representação gráfica da árvore ou rede de processos: A contribuição relativa de cada procedimento pode ser avaliada utilizando o procedimento de árvore. Esta metodologia tem a vantagem de obter o papel exato do procedimento no ciclo de vida. Ver figura 6.13.

Tabela 6.3 Processos que contribuem para a energia não renovável

No	Process	Unit	Diesel, at al daura refinery	Gasoline at daura refinery	Fuel oil, at al daura refinery	jet fuel at al daura refinery	others products at al daura refinery	Kerosene, at al daura refinery	Naphtha, at al daura refinery	GAS oill,at al daura refinery	LPG, at al daura refinery
	Total of all processes	MJ primary	42558.89	1180965	44177.31	468815	47936.1	520860.8	675950.4	41577.62	27098.19
1	Steam, for chemical processes, at plant/RER S	MJ primary	2180.31	1781.224	2405.831	1823.891	2458.202	2009.604	1756.162	2132.427	1390.38
2	Refinery gas, at refinery/RER S	MJ primary	240.5135	1146421	249.0472	433772.6	264.6005	481886.2	641899	229.5323	153.3751
3	Electricity, at refinery/RER S	MJ primary	148.8696	121.6204	154.1516	123.517	167.8438	137.2139	119.9092	145.6002	89.91687
4	Heavy fuel oil, at regional storage/RER S	MJ primary	143.1737	123.5545	148.254	118.7915	161.4226	141.9521	115.3217	140.0297	91.3022

5	Carbon tetrachloride, at plant/RER S	MJ primary	0.02583	0.021102	0.026746	0.214321	0.029122	0.023807	0.020805	0.025262	0.016472
6	Disposal, refinery sludge, 89.5% water, to sanitary landfill/CH S	MJ primary	0.000663	0.000542	0.000686	0.00055	0.000747	0.000611	0.000534	0.000648	0.000423
7	Dimethyl sulphate, at plant/RER S	MJ primary	0.000553	0.000451	0.000572	0.000458	0.000623	0.000331	0.000445	0.00054	0.000352
8	Sodium hydroxide, 50% in H2O, production mix, at plant/RER S	MJ primary	0.000184	0.000151	0.000191	0.000153	0.000208	0.00017	0.000148	0.00018	0.000118

Table 6.4 Process contributing to respiratory inorganics

No	Process	Unit	Diesel, at al daura refinery	Gasoline at daura refinery	Fuel oil, at al daura refinery	jet fuel at al daura refinery	others products at al daura refinery	Kerosene, at al daura refinery	Naphtha, at al daura refinery	GAS oill,at al daura refinery	LPG, at al daura refinery
	Total of all processes	kg PM2.5 eq	0.056827	16.51445	0.061823	6.276654	0.063741	6.972636	9.265226	0.055293	0.03669
1	Steam, for chemical processes, at plant/RER S	kg PM2.5 eq	0.043842	0.035817	0.048377	0.036675	0.04943	0.040409	0.035313	0.042879	0.027958
2	Electricity, at refinery/RE R S	kg PM2.5 eq	0.007297	0.005961	0.007556	0.006054	0.008227	0.006726	0.005878	0.007137	0.004407
3	Refinery gas, at refinery/RE R S	kg PM2.5 eq	0.003455	16.47076	0.003578	6.23206	0.003566	6.923315	9.222237	0.003094	0.002204
4	Heavy fuel oil, at regional storage/RER S	kg PM2.5 eq	0.001832	0.001581	0.001897	0.00152	0.002066	0.001817	0.001476	0.001792	0.001168

5	Carbon tetrachloride, at plant/RER S	kg PM2.5 eq	1.5E-06	1.23E-06	1.56E-06	1.25E-05	1.69E-06	1.38E-06	1.21E-06	1.47E-06	9.58E-07
6	Disposal, refinery sludge, 89.5% water, to sanitary landfill/CH S	kg PM2.5 eq	5.16E-08	4.22E-08	5.34E-08	4.28E-08	5.82E-08	4.76E-08	4.16E-08	5.05E-08	3.29E-08
7	Dimethyl sulphate, at plant/RER S	kg PM2.5 eq	2.69E-08	2.2E-08	2.79E-08	2.23E-08	3.04E-08	1.61E-08	2.17E-08	2.63E-08	1.72E-08
8	Sodium hydroxide, 50% in H2O, production mix, at plant/RER S	kg PM2.5 eq	7.06E-09	5.76E-09	7.31E-09	5.85E-09	7.95E-09	6.5E-09	5.68E-09	6.9E-09	4.5E-09

Table 6.5 **Process contributing to global warming**

No	Process	Unit	Diesel, at al daura refinery	Gasoline at daura refinery	Fuel oil, at al daura refinery	jet fuel at al daura refinery	others products at al daura refinery	Kerosene, at al daura refinery	Naphtha, at al daura refinery	GAS oill,at al daura refinery	LPG, at al daura refinery
	Total of all processes	kg CO_2 eq	132.765	11500.32	145.6177	4420.067	149.2891	4909.495	6484.556	129.5044	84.35131
1	Steam, for chemical processes, at plant/RER S	kg CO_2 eq	119.8166	97.88529	132.2099	100.23	135.0879	110.4357	96.50803	117.1853	76.40687
2	Electricity, at refinery/RER S	kg CO_2 eq	9.278789	7.580394	9.608012	7.698606	10.46142	8.552313	7.473737	9.075015	5.604367
3	Refinery gas, at refinery/RER S	kg CO_2 eq	2.390355	11393.76	2.475168	4311.069	2.297565	4789.249	6379.544	1.993062	1.524326
4	Heavy fuel oil, at regional storage/RER S	kg CO_2 eq	1.119221	0.965853	1.158935	0.92862	1.261877	1.109672	0.901496	1.094644	0.71373
5	Carbon tetrachloride, at plant/RER S	kg CO_2 eq	0.001099	0.000898	0.001138	0.009123	0.00124	0.001013	0.000886	0.001075	0.000701

6	Disposal, refinery sludge, 89.5% water, to sanitary landfill/CH S	kg CO2 eq	0.000507	0.000414	0.000525	0.000421	0.000571	0.000467	0.000408	0.000496	0.000323
7	Dimethyl sulphate, at plant/RER S	kg CO2 eq	1.83E-05	1.5E-05	1.9E-05	1.52E-05	2.06E-05	1.1E-05	1.47E-05	1.79E-05	1.17E-05
8	Sodium hydroxide, 50% in H2O, production mix, at plant/RER S	kg CO2 eq	9.14E-06	7.47E-06	9.47E-06	7.59E-06	1.03E-05	8.43E-06	7.37E-06	8.94E-06	5.83E-06

Table 6.6 **Process contributing to human health**

No	Process	Unit	Diesel, at al daura refinery	Gasoline at daura refinery	Fuel oil, at al daura refinery	jet fuel at al daura refinery	others products at al daura refinery	Kerosene, at al daura refinery	Naphtha, at al daura refinery	GAS oill,at al daura refinery	LPG, at al daura refinery
	Total of all processes	DALY	4.4E-05	0.012411	4.79E-05	0.004718	4.93E-05	0.005241	0.006964	4.28E-05	2.83E-05
1	Steam, for chemical processes, at plant/RER S	DALY	3.44E-05	2.81E-05	3.8E-05	2.88E-05	3.88E-05	3.17E-05	2.77E-05	3.37E-05	2.2E-05
2	Electricity, at refinery/RER S	DALY	5.25E-06	4.29E-06	5.44E-06	4.36E-06	5.92E-06	4.84E-06	4.23E-06	5.14E-06	3.17E-06
3	Refinery gas, at refinery/RER S	DALY	2.6E-06	0.012377	2.69E-06	0.004683	2.7E-06	0.005203	0.00693	2.34E-06	1.66E-06
4	Heavy fuel oil, at regional storage/RER S	DALY	1.39E-06	1.2E-06	1.44E-06	1.15E-06	1.57E-06	1.38E-06	1.12E-06	1.36E-06	8.87E-07
5	Carbon tetrachloride, at plant/RER S	DALY	1.08E-09	8.85E-10	1.12E-09	8.99E-09	1.22E-09	9.98E-10	8.73E-10	1.06E-09	6.91E-10
6	Disposal, refinery sludge, 89.5% water, to sanitary landfill/CH S	DALY	4.08E-11	3.34E-11	4.23E-11	3.39E-11	4.61E-11	3.76E-11	3.29E-11	3.99E-11	2.6E-11

7	Dimethyl sulphate, at plant/RER S	DALY	2.04E-11	1.67E-11	2.11E-11	1.69E-11	2.3E-11	1.22E-11	1.64E-11	1.99E-11	1.3E-11
8	Sodium hydroxide at plant	DALY	3.36E-12	2.75E-12	3.48E-12	2.79E-12	3.79E-12	3.1E-12	2.71E-12	3.29E-12	2.14E-12

Tabela 6.7 **Processo que contribui para a qualidade do ecossistema**

No	Process	Unit	Diesel, at al daura refinery	Gasoline at daura refinery	Fuel oil, at al daura refinery	jet fuel at al daura refinery	others products at al daura refinery	Kerosene, at al daura refinery	Naphtha, at al daura refinery	GAS oill,at al daura refinery	LPG, at al daura refinery
	Total of all processes	PDF*m2*yr	8.998429	5593.203	9.775328	2120.441	10.15854	2355.606	3134.456	8.772532	5.761295
1	Steam, for chemical processes, at plant/RER S	PDF*m2*yr	6.176942	5.04631	6.815858	5.167188	6.964228	5.693323	4.975308	6.041287	3.939026
2	Refinery gas, at refinery/RER S	PDF*m2*yr	1.172078	5586.776	1.213665	2113.875	1.293433	2348.344	3128.123	1.122011	0.747432
3	Electricity, at refinery/RER S	PDF*m2*yr	0.940361	0.768237	0.973727	0.780217	1.060216	0.866736	0.757428	0.91971	0.567976
4	Heavy fuel oil, at	PDF*m2*yr	0.695661	0.600334	0.720345	0.577191	0.78433	0.689725	0.560332	0.680385	0.443625

	regional storage/RER S										
5	Carbon tetrachloride, at plant/RER S	PDF*m2*yr	5.08E-05	4.15E-05	5.26E-05	0.000422	5.73E-05	4.68E-05	4.09E-05	4.97E-05	3.24E-05
6	Disposal, refinery sludge, 89.5% water, to sanitary landfill/CH S	PDF*m2*yr	1.32E-05	1.08E-05	1.37E-05	1.1E-05	1.49E-05	1.22E-05	1.07E-05	1.29E-05	8.43E-06
7	Dimethyl sulphate, at plant/RER S	PDF*m2*yr	3.07E-06	2.51E-06	3.18E-06	2.55E-06	3.46E-06	1.84E-06	2.47E-06	3E-06	1.96E-06
8	Sodium hydroxideat plant a /RER S	PDF*m2*yr	1.17E-06	9.54E-07	1.21E-06	9.69E-07	1.32E-06	1.08E-06	9.41E-07	6.041287	7.45E-07

Quadro 6.8 Processos que contribuem para as alterações climáticas

No	Process	Unit	Diesel, at al daura refinery	Gasoline at daura refinery	Fuel oil, at al daura refinery	jet fuel at al daura refinery	others products at al daura refinery	Kerosene, at al daura refinery	Naphtha, at al daura refinery	GAS oill,at al daura refinery	LPG, at al daura refinery
	Total of all processes	kg CO2 eq	132.765	11500.32	145.6177	4420.067	149.2891	4909.494	6484.556	129.5044	84.3513
1	Steam, for chemical processes, at plant/RER S	kg CO2 eq	119.8166	97.88529	132.2099	100.23	135.0879	110.4357	96.50803	117.1853	76.40687
2	Electricity, at refinery/RER S	kg CO2 eq	9.278789	7.580394	9.608012	7.698606	10.46142	8.552313	7.473737	9.075015	5.604367
3	Refinery gas, at refinery/RER S	kg CO2 eq	2.390355	11393.76	2.475168	4311.069	2.297565	4789.249	6379.544	1.993062	1.524326
4	Heavy fuel oil, at regional storage/RER S	kg CO2 eq	1.119221	0.965853	1.158935	0.92862	1.261877	1.109672	0.901496	1.094644	0.71373

5	Carbon tetrachloride, at plant/RER S	kg CO_2 eq	0.001099	0.000898	0.001138	0.009123	0.00124	0.001013	0.000886	0.001075	0.000701
6	Disposal, refinery sludge, 89.5% water, to sanitary landfill/CH S	kg CO_2 eq	0.000507	0.000414	0.000525	0.000421	0.000571	0.000467	0.000408	0.000496	0.000323
7	Dimethyl sulphate, at plant/RER S	kg CO_2 eq	1.83E-05	1.5E-05	1.9E-05	1.52E-05	2.06E-05	1.1E-05	1.47E-05	1.79E-05	1.17E-05
8	Sodium hydroxide , at plant/RER S	kg CO_2 eq	3.69E-06	3.02E-06	3.82E-06	3.06E-06	4.16E-06	3.4E-06	2.97E-06	3.61E-06	2.35E-06

Quadro 6.9 Processo que contribui para o recurso

No	Process	Unit	Diesel, at al daura refinery	Gasoline at daura refinery	Fuel oil, at al daura refinery	jet fuel at al daura refinery	others products at al daura refinery	Kerosene, at al daura refinery	Naphtha, at al daura refinery	GAS oill,at al daura refinery	LPG, at al daura refinery
	Total of all processes	MJ primary	42559.01	1181015	44177.44	468834	47936.24	520881.9	675978.5	41577.73	27098.27
1	Steam, for chemical processes, at plant/RER S	MJ primary	2180.407	1781.303	2405.939	1823.972	2458.312	2009.693	1756.24	2132.522	1390.442
2	Refinery gas, at refinery/RER S	MJ primary	240.524	1146471	249.0581	433791.5	264.6134	481907.3	641927	229.5434	153.3818
3	Electricity, at refinery/RER S	MJ primary	148.876	121.6256	154.1583	123.5223	167.851	137.2198	119.9143	145.6065	89.92074
4	Heavy fuel oil, at regional storage/RER S	MJ primary	143.1806	123.5605	148.2611	118.7972	161.4304	141.959	115.3273	140.0365	91.3066
5	Carbon tetrachloride, at plant/RER S	MJ primary	0.02583	0.021102	0.026746	0.214322	0.029122	0.023807	0.020805	0.025262	0.016472

6	Disposal, refinery sludge, 89.5% water, to sanitary landfill/CH S	MJ primary	0.000663	0.000542	0.000687	0.00055	0.000748	0.000612	0.000534	0.000649	0.000423
7	Dimethyl sulphate, at plant/RER S	MJ primary	0.000553	0.000452	0.000573	0.000459	0.000624	0.000332	0.000446	0.000541	0.000353
8	Sodium hydroxide at plant/RER S	MJ primary	4.71E-05	3.84E-05	4.87E-05	3.9E-05	5.31E-05	4.34E-05	3.79E-05	4.6E-05	3E-05

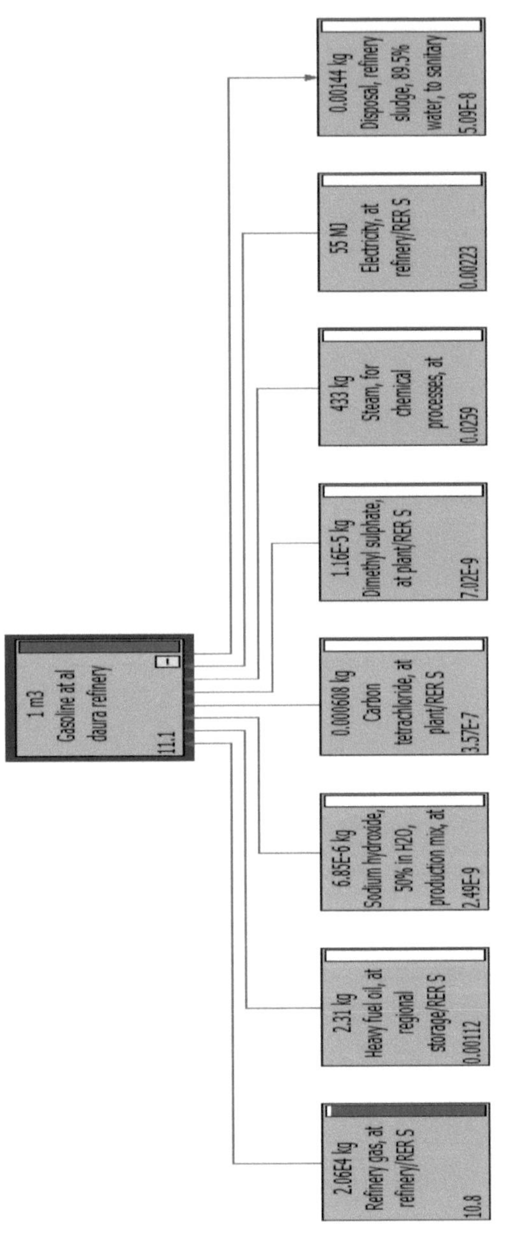
1 m3
Gasoline at al daura refinery
11.1
0.00144 kg
Disposal, refinery sludge, 89.5% water, to sanitary
5.09E-8
55 MJ
Electricity, at refinery/RER S
0.00223
433 kg
Steam, for chemical processes, at
0.0259
1.16E-5 kg
Dimethyl sulphate, at plant/RER S
7.02E-9
0.000608 kg
Carbon tetrachloride, at plant/RER S
3.57E-7
6.85E-6 kg
Sodium hydroxide, 50% in H2O, production mix, at
2.49E-9
2.31 kg
Heavy fuel oil, at regional storage/RER S
0.00112
2.06E4 kg
Refinery gas, at refinery/RER S
10.8

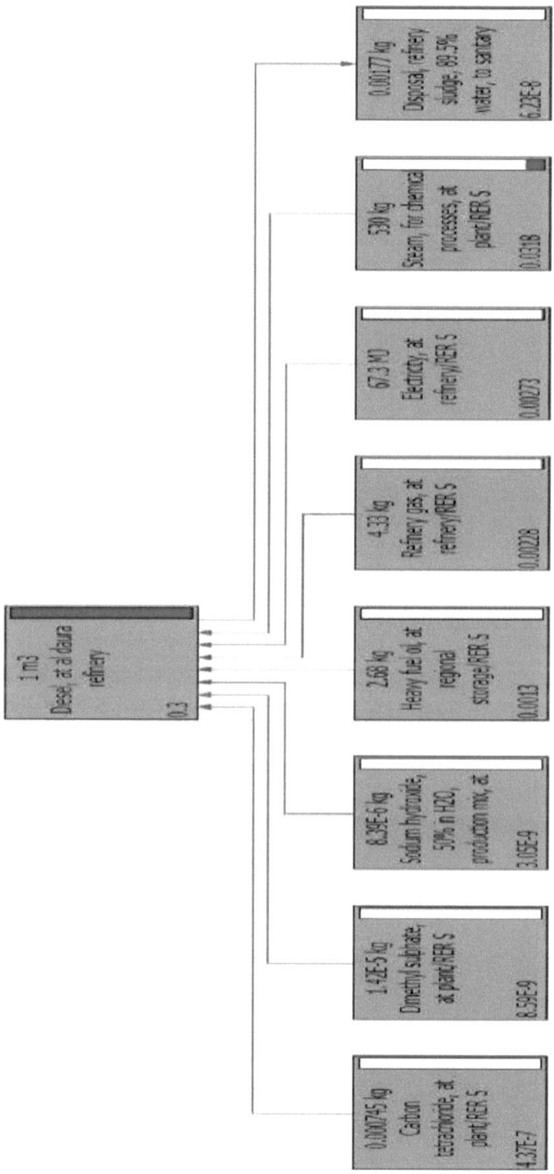

Figura 6.4 Contribuições dos processos dos produtos petrolíferos/Simapro7

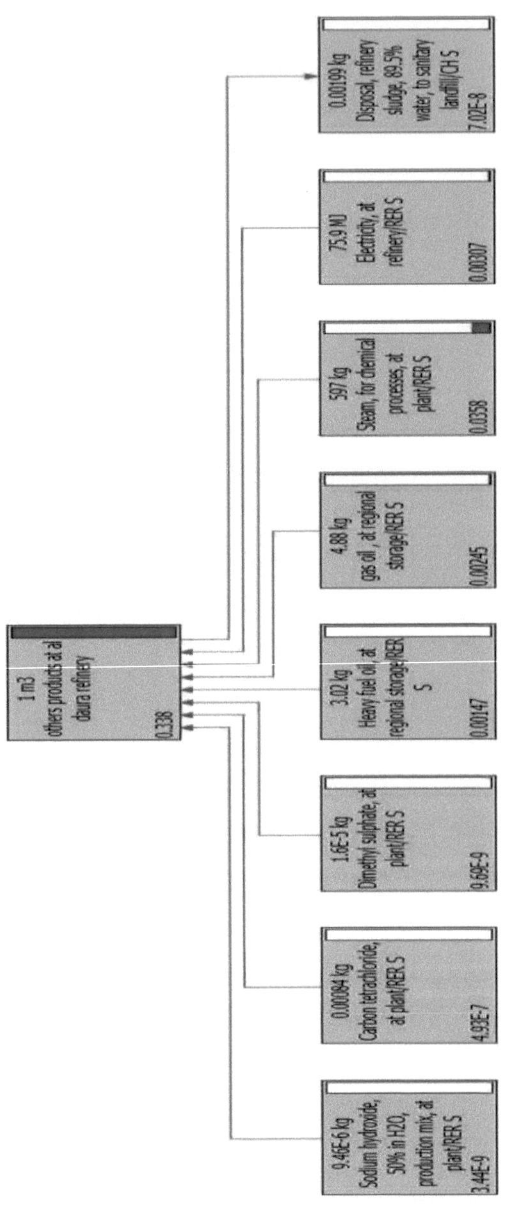
1 m3
others products at al daura refinery
0.338
0.00199 kg
Disposal, refinery sludge, 89.5% water, to sanitary landfill/CH S
7.02E-8
75.9 MJ
Electricity, at refinery/RER S
0.00307
597 kg
Steam, for chemical processes, at plant/RER S
0.0358
4.88 kg
gas oil , at regional storage/RER S
0.00245
3.02 kg
Heavy fuel oil, at regional storage/RER S
0.00147
1.8E-5 kg
Dimethyl sulphate, at plant/RER S
9.69E-9
0.00084 kg
Carbon tetrachloride, at plant/RER S
4.93E-7
9.4E-6 kg
Sodium hydroxide, 50% in H2O, production mix, at plant/RER S
3.44E-9

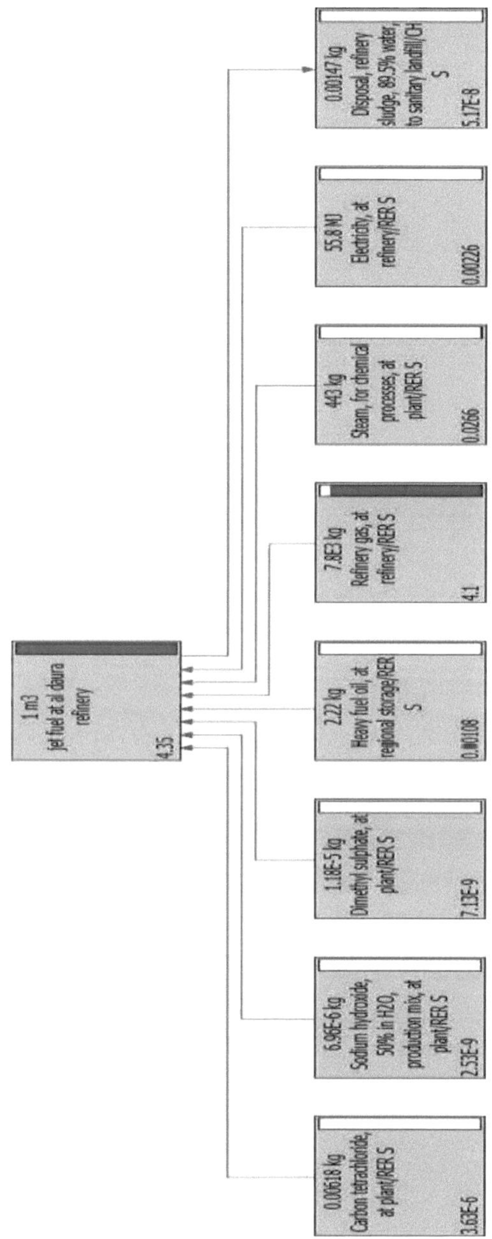

Figura 6.4 continuação

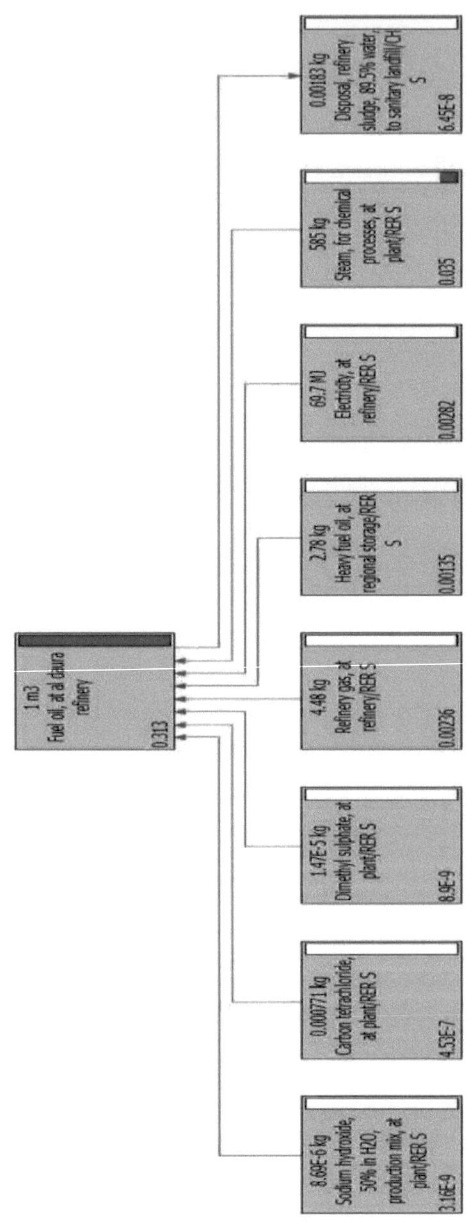
1 m3
Fuel oil, at al daura refinery
0.313
8.69E-6 kg
Sodium hydroxide, 50% in H2O, production mix, at plant/RER S
3.16E-9
0.000771 kg
Carbon tetrachloride, at plant/RER S
4.53E-7
1.47E-5 kg
Dimethyl sulphate, at plant/RER S
8.9E-9
4.48 kg
Refinery gas, at refinery/RER S
0.00236
2.78 kg
Heavy fuel oil, at regional storage/RER S
0.00135
69.7 MJ
Electricity, at refinery/RER S
0.00282
585 kg
Steam, for chemical processes, at plant/RER S
0.035
0.00183 kg
Disposal, refinery sludge, 89.5% water, to sanitary landfill/CH S
6.45E-8

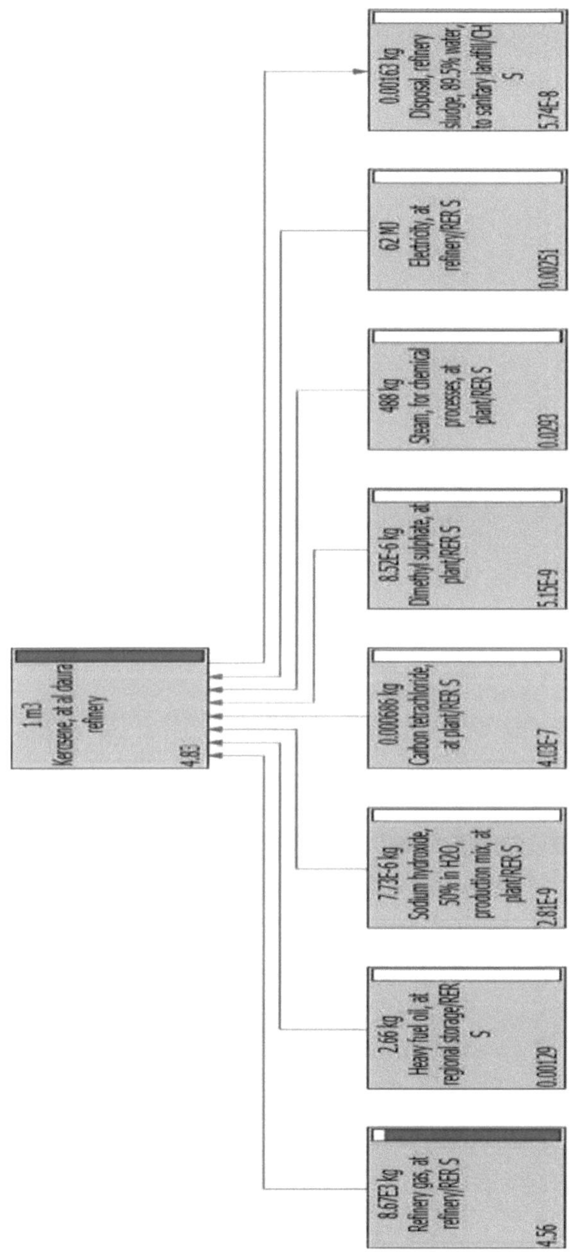

Figura 6.4 continuação

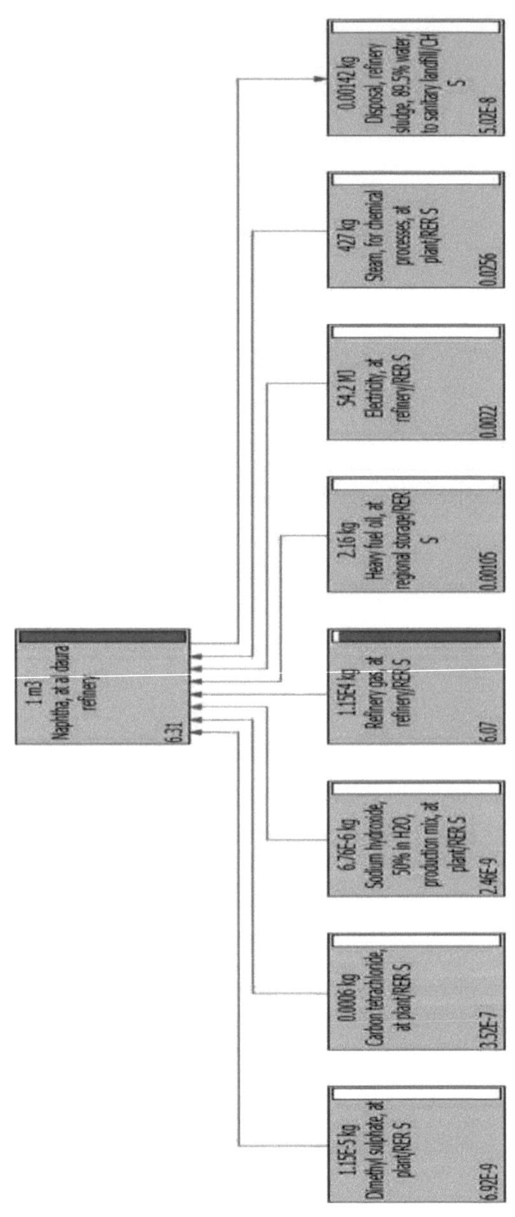
1 m3
Naphtha, at al daura
refinery
6.31
1.15E-5 kg
Dimethyl sulphate, at
plant/RER S
6.92E-9
0.0006 kg
Carbon tetrachloride,
at plant/RER S
3.52E-7
6.76E-6 kg
Sodium hydroxide,
50% in H2O,
production mix, at
plant/RER S
2.46E-9
1.15E4 kg
Refinery gas, at
refinery/RER S
6.07
2.16 kg
Heavy fuel oil, at
regional storage/RER
S
0.00105
54.2 MJ
Electricity, at
refinery/RER S
0.0022
427 kg
Steam, for chemical
processes, at
plant/RER S
0.0256
0.00142 kg
Disposal, refinery
sludge, 89.5% water,
to sanitary landfill/CH
S
5.02E-8

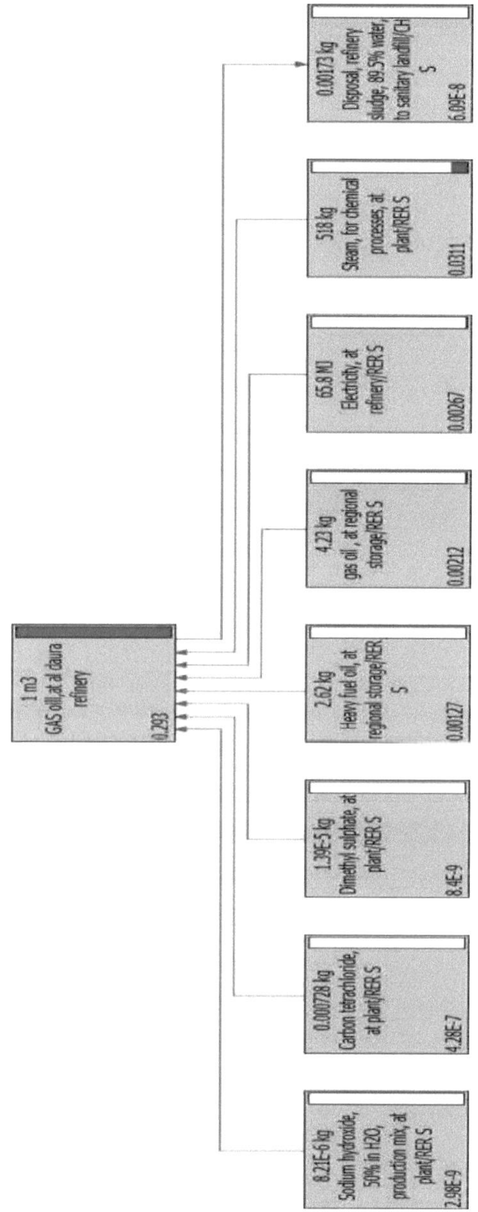

Figura 6.4 continuação

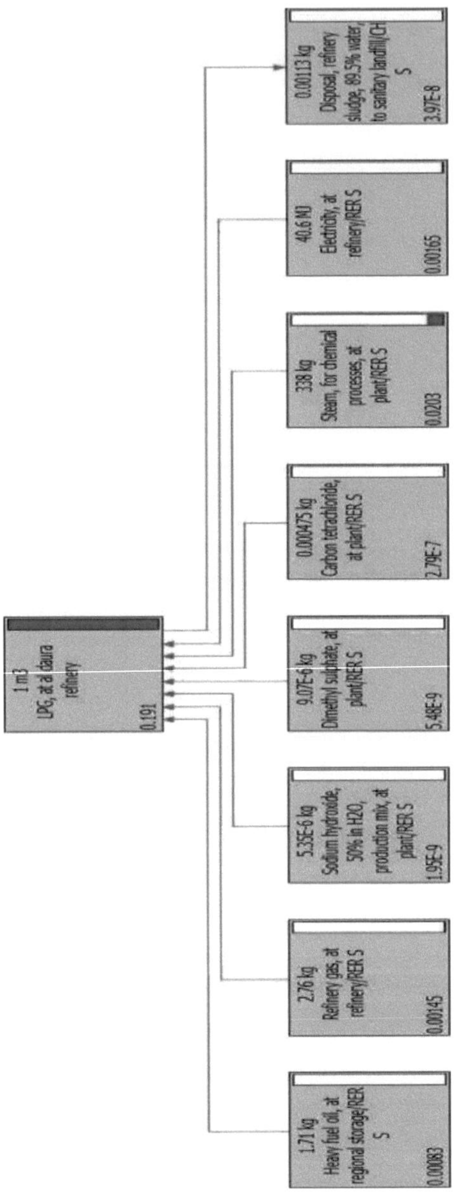

Figura 6.4 Contribuições dos processos dos produtos petrolíferos/Simapro7.

6.2 Questionário fechado:

Para o efeito, foi utilizado um questionário distribuído a uma amostra intencional do pessoal do Departamento de Produção da refinaria AL-Daura, sendo o número do formulário do questionário 17. A análise do questionário é apresentada a seguir:

1. A composição demográfica do pessoal da refinaria:

O rácio de empregados dentro da refinaria é de poucas mulheres, pelo que não excede 12% do total do pessoal da refinaria, e a sua presença limita-se principalmente ao gabinete administrativo e de especialidades.

2. A natureza dos poluentes resultantes da refinaria e o seu impacto nos trabalhadores:

A. O resultado do questionário sobre a existência de medidas de proteção tomadas na refinaria ascendeu a 66,67% do número total de inquiridos, enquanto o resultado da ausência de medidas preventivas foi de 33,33% do número total de inquiridos. Ver figura (6.5)

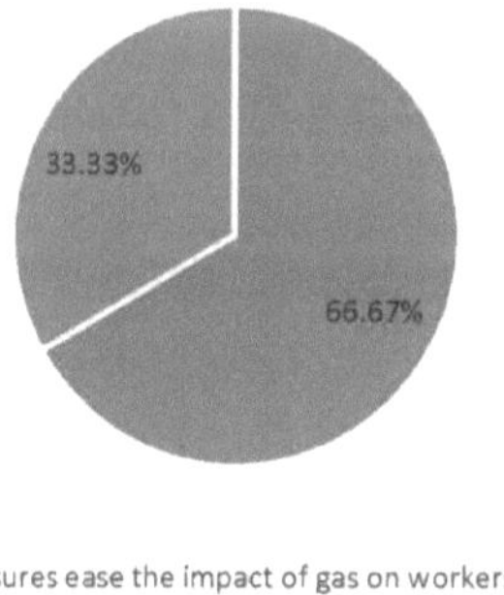

Figura 6.5 Presença de equipamento de proteção

B. Por outro lado, a falta de compreensão dos trabalhadores da refinaria quanto à gravidade dos poluentes que dela resultam e que estão expostos diretamente a eles durante longos períodos de tempo reflecte-se na não utilização de equipamentos de proteção, o que explica o baixo nível de sensibilização ambiental dos trabalhadores com falta de consciência profissional e sanitária, o que indica a fragilidade do desempenho regulamentar do serviço do ambiente na refinaria.

C. A elevada proporção de doenças centrou-se nas doenças respiratórias, oculares e do sistema nervoso. Os resultados do questionário aplicado aos trabalhadores da refinaria revelam que a proporção destas doenças em relação a outras doenças foi de (26%), (18%) e (16%), respetivamente. Ver fig. 6.6.

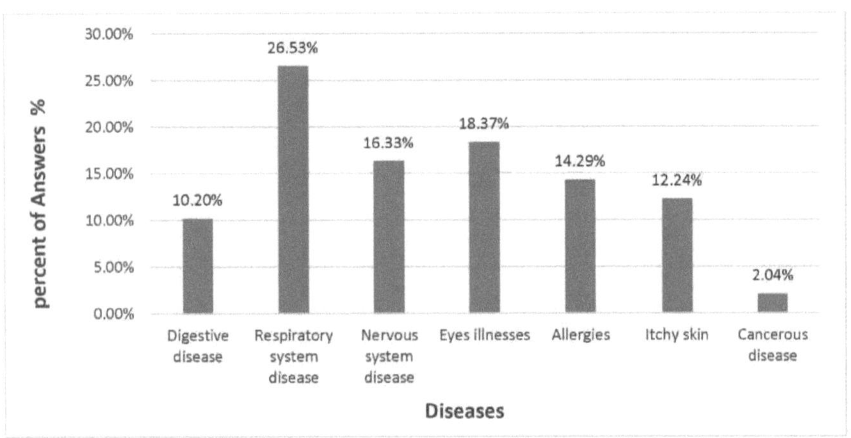

Figura 6.6 Doença causada pela exposição prolongada a gases

D. Os resultados do questionário mostram a infeção de um grande número de trabalhadores com várias doenças, em resultado da exposição direta aos poluentes, e centraram-se na sensibilidade do nariz, falta de ar, catarro, dores de olhos e tosse ligeira .... etc. E (fig.6.7) mostra a incidência destas doenças:

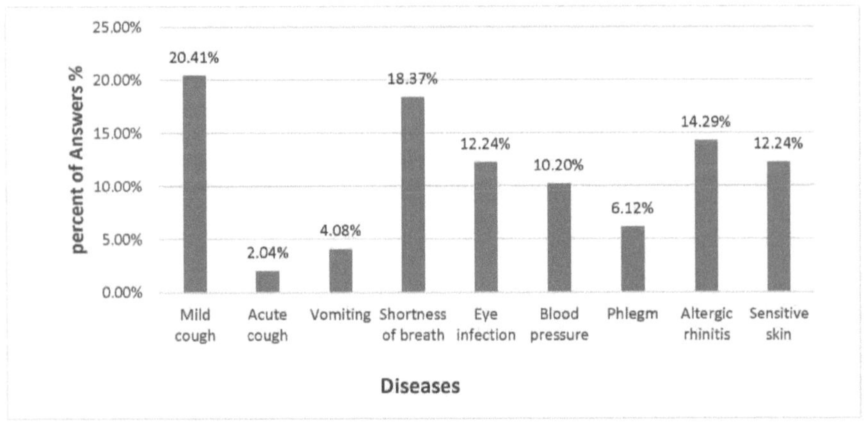

Figura 6.7 Doenças resultantes da exposição direta aos poluentes

E. Quanto ao nível de ruído, a exposição contínua ao ruído leva a uma perda auditiva parcial ou total com a idade, os resultados do questionário revelaram que a percentagem do nível de ruído médio atingiu (33%) enquanto a percentagem do nível de ruído elevado de (46%) como na (fig.6.8), enquanto os impactos resultantes do mesmo têm sintomas de dores de cabeça percentagem registada (38%) e a proporção de pessoas com tensão nervosa como resultado do ruído (38%), e que aparente na (fig·6.9)

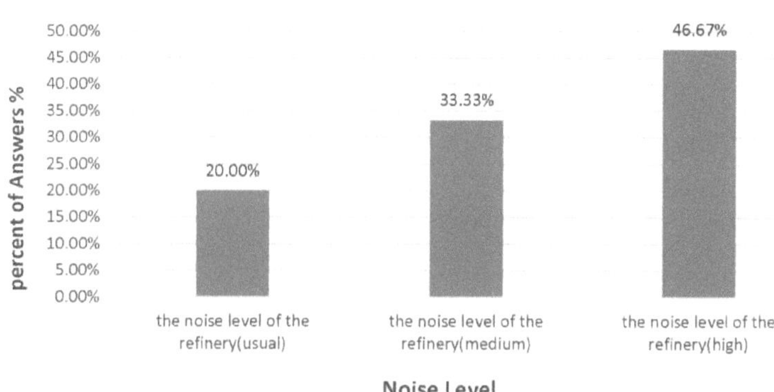

Figura 5.8 Nível sonoro da refinaria

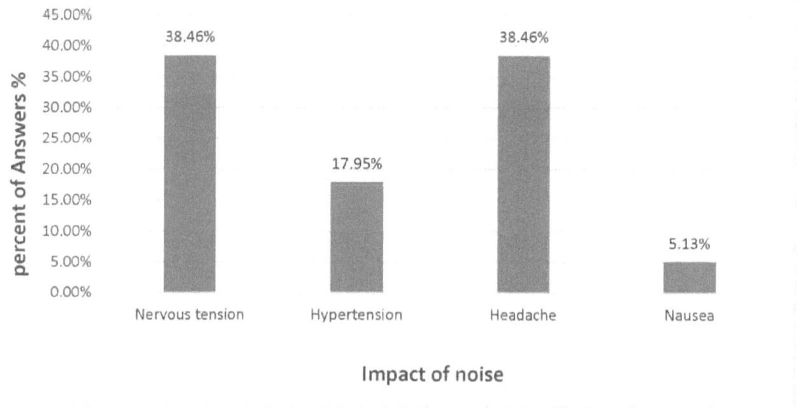

Figura 5.9 Impactos da poluição sonora

F. As respostas referem a presença de odores desagradáveis em 93% dos casos, odores esses que se devem à natureza da indústria de refinação e à composição química da gasolina.

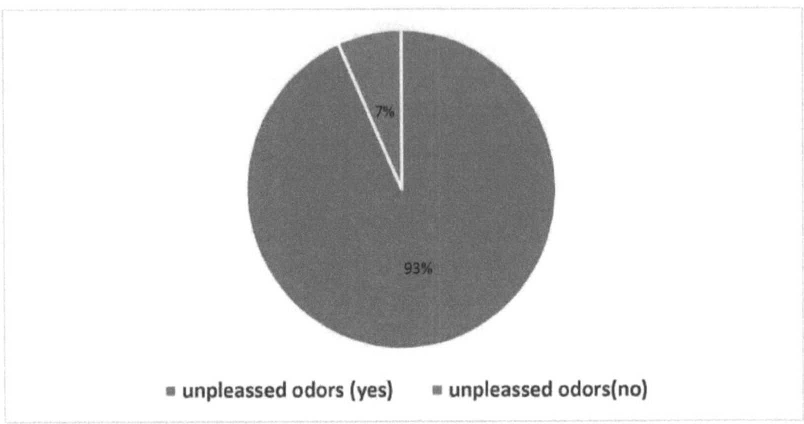

Figura 6.10 Presença de odores desagradáveis

Capítulo 7

Conclusões e recomendações

Com base nos resultados obtidos com esta investigação, podem ser deduzidas várias conclusões e formuladas algumas recomendações para estudos futuros e para as partes interessadas.

7.1 Conclusões

As principais conclusões deste estudo são as seguintes:

1- Os métodos IMPACT2002+ foram aplicados para avaliar indicadores ambientais numa refinaria selecionada (refinaria AL-Daura) relacionada com a Middle Refineries Company of Iraq. A aplicação do IMPACT 2002+ à refinaria AL-Daura permitiu concluir que

i. A pontuação ecológica de cada produto de refinação é a seguinte :

Gasóleo (0,300302 Pt), Gasolina (11,09088 Pt), Fuelóleo (0,312856 Pt), Jet Fuel (4,351348 Pt), Outros produtos (0,338195 Pt), Querosene (4,834182 Pt), Nafta (6,313549 Pt), Gasóleo (0,293335 Pt), GPL (0,191243 Pt).

ii. O eco-escore total do processo de refinaria é (28,025905 Pt)

iii. O impacto ambiental mais potencial resulta do combustível gasolina, cuja pontuação única (eco-indicador) é igual a 11,1 pontos.

iv. Os impactos ambientais mais potenciais são o aquecimento global, as energias inorgânicas respiratórias e as energias não renováveis, que estão relacionadas com a composição do petróleo, a utilização de eletricidade para fins de funcionamento da refinaria, as emissões para a atmosfera provenientes do processo de combustão do combustível e as emissões para a água.

v. Os danos ambientais resultantes do processo total de refinação que afectam a saúde humana, as alterações climáticas, os recursos e a qualidade do ecossistema são, respetivamente, (4,165908 Pt), (0,967044 Pt), (2,823553 Pt) e (20,06939 Pt).

2- Dos questionários fechados resultou o seguinte:

i. O resultado refere-se à falta de medidas preventivas em 33,33% e, quando estas existem, são simples e não são suficientes para fornecer todos os requisitos de proteção segura.

ii. A doença mais comum são as doenças do sistema respiratório em percentagem (26,53%) e, também, a maioria dos trabalhadores sofre de tosse ligeira.

iii. Presença de odores desagradáveis e elevado nível de ruído.

7.2 Recomendações

São feitas algumas recomendações para estudos futuros sobre este tema:

1. O inventário de dados deve incluir outras emissões para a atmosfera, tais como (PM, e hidrocarbonetos).

2. O processo de combustão no queimador pode ser tomado em consideração.

3. Fazer uma avaliação do ciclo de vida da utilização final dos combustíveis (combustão em motores) após o processo de refinação.

4. Os estudos futuros devem avaliar o custo/benefício dos processos de refinação e compará-los.

5. Utilizar mais aspectos da sustentabilidade na análise da refinação de petróleo, recorrendo a técnicas integradas como a sustentabilidade económica e social.

6. Utilizar outros métodos de simulação para a análise da refinação de petróleo e comparar o resultado com este método de análise.

7. As emissões para o solo devem ser estudadas, nomeadamente os metais pesados, os hidrocarbonetos e as fugas de gasolina das válvulas e juntas ou através do processo de transporte.

8. A necessidade de as instituições e os centros de investigação científica orientarem os seus esforços para a promoção da :

I. A utilização de energias limpas, como os biocombustíveis, e de meios de transporte que dependem de energias limpas, como a eletricidade.

II. Racionalizar o consumo de combustíveis fósseis, em especial a gasolina, devido aos grandes danos daí resultantes, o que pode levar à diminuição da produção e, assim, reduzir os danos.

9. Utilização de dispositivos de monitorização para medir os poluentes e o ruído, bem como os dados relativos à saúde dos trabalhadores, para os confirmar, acompanhar e comparar com os resultados documentados.

Referências

10. Aida Sefic Williams, dezembro de 2009, "Life Cycle Analysis: A Step by Step Approach", Illinois Sustainable Technology Center Institute of Natural Resource

Sustentabilidade Universidade de Illinois em **Urbana-Champaign**.

11. Registos da refinaria AL-Daura em 2015.

12. Aldemar Martinez-Gonzalez , Oscar-Mauricio Casas-Leuro, Julia-Raquel Acero-

Reyes, e Edgar-Fernando Castillo-Monroy, 2011 "Comparação dos potenciais impactes ambientais na produção e utilização de combustíveis regulares com alto e baixo teor de enxofre

diesel por avaliação do ciclo de vida", CT&F - Ciencia, Tecnologia y Futuro - Vol.

4

Núm. 4.

13. Bill Keesom, John Blieszner e Stefan Unnasch, março de 2012, "EU Pathway

Estudo: Life Cycle Assessment of Crude Oils in a European Context", Life Cycle

Associados, consultoria Jacobs.

14. Bruno Notarnicola. Roberta Salomone . Luigia Petti. Pietro A. Renzulli.Rocco

Roma. Alessandro K. Cerutti, 2015, "Life Cycle Assessment In The Agri-Food

Sector: Case Studies, Methodological Issues", Springer International Publishing

Suíça.

15. Fava, J.A.; Consoli, F.; Dension, R.; Dickson, K.; Mohin, T.; Vigon, B. A ,1993,

Conceptual Framework for Life-Cycle Impact Assessment; Sociedade de Toxicologia e Química Ambiental SETAC: Sandestin, FL, EUA.

16. Gary, J.H. e Handwerk, G.E. (1984). Petroleum Refining Technology and Economics (2ªed.). Marcel Dekker, Inc.ISBN0-8247-7150-8.

17. IFC (International Finance Corporation World Bank Group), 2007,"

Environmental, Health, and Safety Guidelines for Petroleum Refining".

18. ISO 14040 Gestão ambiental Princípios e avaliação do ciclo de vida Framework; Organização Internacional de Normalização: Bruxelas, Bélgica, 2006.

113

19. ISO 14040, 1997, Gestão ambiental - "Avaliação do ciclo de vida Principles and Framework", Norma Técnica, ISO, Genebra.

20. ISO 14042 Gestão ambiental-Avaliação do ciclo de vida-Ciclo de vida Avaliação de Impacto. Organização Internacional de Normalização: Bruxelas, Bélgica, 2006.

21. Izabela Samson-Brφk, Barbara Smerkowska e Aleksandra Filip, 2015," Environmental Aspects in the Life Cycle of Liquid Biofuels with Bio components, tendo em conta o processo de armazenamento".

22. Jacqueline & Emilio, "Environmental Impacts of the Oil Industry", UNESCOELOSS.

(http://www.eolss.net/Eolss-sampleAHChapteraspx.)

23. James .G. Speight, 2005, "Environmental Analysis and Technology for the Refining Livro da indústria".

24. Jeongwoo Han , Grant S. Forman , Amgad Elgowainy , Hao Cai, Michael Wang e Vincent B. DiVita, 2015 ," A comparative assessment of resource efficiency in refinação de petróleo", Elsevier Ltd.

25. Leffler, W.L. (1985). Petroleum refining for the nontechnical person (2nded.). Well Books, ISBN 0-87814-280-0.

26. Relatório de associados de ciclo de vida LCA - 6004 - 3P, 2009, "Assessment of Direct and Indirect GHG Emissions Associated with Petroleum Fuels for New Fuels Alliance"

(Emissões indirectas de GEE associadas aos combustíveis petrolíferos para a New Fuels Alliance).

27. M.I.Khan, PhD e M.R. Islam, PhD, 2007, "The Petrolume Engineering Handbook

Operação Sustentável", Gulf Publishing Company.

28. Mattias Eriksson e Serina Ahlgren, 2013, "LCAs of petrol and diesel a

revisão da literatura", SLU, Universidade Sueca de Ciências Agrícolas Departamento de

Energia e tecnologia.

29. Ministério do Petróleo, Specification of Petrol Derivatives.

114

30. Mohamad Monkiz Khasreen , Phillip F.G. Banfill e Gillian F. Menzies, 2009,"

Life-Cycle Assessment and the Environmental Impact of Buildings: A Review",

Sustainability 2009, 1, 674-701; doi:10.3390/su1030674.

31. Gholamreza Bahmannia,2008, Life Cycle Assessment (LCA) in oil and gas

indústrias como medida eficaz de desenvolvimento sustentável Estudo de caso

Fábrica de tratamento de gás de Sarkhoon, National Iranian Gas Co. (NIGC), Irão, 19.º Mundo

Congresso do Petróleo, Espanha 2008 Fórum 19: Melhores práticas em sustentabilidade

relatórios.

32. NAHB Research Center, Inc. 400 Prince George's Blvd, e Upper Marlboro MD

20774,2001, dezembro de 2001 "Life Cycle Assessment Tools to Measure Environmental Impacts Assessing Their Applicability to the Home Building Industry" U.S. Department of Housing and Urban Development.

33. Ngelah Sendoh Akwo, 2008, "A Life Cycle Assessment of Sewage Sludge Treatment Options", Departamento de Desenvolvimento e Planeamento da Universidade de Aalborg.

34. Paul R. Epstein e Jesse Selber, março de 2002, "Oil a life cycle analysis of its health

and environmental impacts", Centro para a Saúde e o Ambiente Global

Escola de Medicina de Harvard.

35. PRe Consultants (Mark Goedkoop, Michiel Oele, An de Schryver, Marisa Vieira),

2008, "SimaPro Database Manual Methods library".

36. PRe Consultants Mark Goedkoop; An De Schryver e Michiel Oele, fevereiro

2008 "Introduction to LCA with SimaPro 7" (Introdução à ACV com SimaPro 7).

37. PRe Consultants, CML, 2003,' SimaPro7 Database Manual The USA Input Output

98 biblioteca".

38. Rainer Zah, Empa; Heinz B | ni, Marcel Gauch, Roland Hischier , Martin Lehmann,

Patrick Wager, 2007 , "A Life Cycle Assessment of Energy Products: Environmental Impact Assessment of Biofuels", Instituto Federal Suíço para a Energia.

Ciência e Tecnologia dos Materiais, Laboratório de Tecnologia e Sociedade, Lerchenfeldstrasse 5 , CH-9014 St. Gallen, Suíça.

39. Relatório do Ministério do Ambiente.

40. Reyn OBorn, junho de 2012, "From Ground to Gate: A lifecycle assessment of

actividades de processamento de petróleo no Reino Unido" Universidade Norueguesa de

Ciência e Tecnologia, Departamento de Energia e Engenharia de Processos.

41. ROLF Frischknecht ,Econvent center, Empa Dubendorf," 2007, "Implementação

of Life Cycle Impact Assessment Methods Data v2.0 (2007)", Swiss Centre for Life

Inventários de ciclo.

42. Ronald (Ron) F. e Colwell, P.E., 2009 "Oil Refinery Processes A Brief Overview", Process Engineering Associates, LLC.

43. Sahar Abdulkareem Alwan Altaee, 2013 /'Estudo comparativo das avaliações de

Indicadores de sustentabilidade ambiental das estações de tratamento de águas residuais do Médio Tejo

Euphrates Region in Iraq", Universidade da Babilónia.

44. Selmes, D.G. 2005, "Towards Sustainability: Direction for Life Cycle Assessment",

Tese de doutoramento, Universidade Heriot Watt: Edimburgo, Reino Unido.

45. Thitirut C., (2005), "Appraisals of Environmental Sustainability Indicators on the

Sistemas convencionais de tratamento de esgotos e de águas residuais domésticas na Tailândia.

Case Study in Bangkok City", Tese, Asian Institute of Technology School of

Ambiente, Recursos e Desenvolvimento Tailândia.

46. Yoshida, Hiroko; Scheutz, Charlotte; Christensen, Thomas Hojlund, 2014, "Life

cycle assessment of sewage sludge treatment and its use on land", Universidade Técnica da Dinamarca.

Printed by Books on Demand GmbH, Norderstedt / Germany